# 建筑模型设计与制作（第三版）

JIANZHU MOXING SHEJI YU ZHIZUO

郎世奇 著

中国建筑工业出版社

图书在版编目（CIP）数据

建筑模型设计与制作 /朗世奇著. —3版. —北京：
中国建筑工业出版社，2012.12（2023.2重印）
ISBN 978-7-112-14907-0

Ⅰ.①建… Ⅱ.①朗… Ⅲ.①模型（建筑）—设计
②模型（建筑）—制作 Ⅳ.①TU205

中国版本图书馆CIP数据核字（2012）第276620号

本书分为建筑模型制作设计和建筑模型制作两大部分。重点阐述了建筑模型制作设计的方法，建筑模型制作的工具、材料，建筑模型制作的技法，电脑雕刻机制作建筑模型的制作技法和色彩运用。此外，书中还介绍了建筑模型摄影的有关内容。

书中内容丰富，实用性强，引用了大量的实例，并配以大量图片帮助读者理解所阐述的内容。本书可作为高等院校建筑学及相关专业建筑模型制作课程的教学用书，也可作为建筑模型制作者的参考工具书。

* * *

责任编辑：陈小力 李东禧
责任设计：赵明霞
责任校对：姜小莲 刘 钰

**建筑模型设计与制作**（第三版）
郎世奇 著
*
中国建筑工业出版社出版、发行（北京西郊百万庄）
各地新华书店、建筑书店经销
北京京点设计公司制版
北京建筑工业印刷厂印刷
*
开本：787×1092 毫米 1/16 印张：9 插页：12 字数：253 千字
2013 年1月第三版 2023 年2月第三十三次印刷
定价：35.00 元
ISBN 978-7-112-14907-0
(22978)

# 前 言

《建筑模型设计与制作》自1998年第一版出版、2006年第二版修订以来，得到了各高等院校建筑学及相关专业师生和广大读者的认同。在这段时间里，随着建筑学理论知识的更新，建筑模型制作新工具、新材料及新方法不断涌现。同时，编者通过建筑模型教学和制作的实践经验认识到，书中相关内容需要进一步补充与完善，以便在更高层次上满足专业教学、实践及广大读者的需求。

《建筑模型设计与制作》(第三版)在保持了第一版、第二版的理论体系及知识结构的基础上，对建筑模型工具、材料、建筑模型制作特殊技法、CNC雕刻机制作建筑模型工艺、建筑模型色彩、建筑模型摄影和建筑模型未来发展趋势等章节的内容作了进一步修订与扩充，更详尽地介绍了近年来涌现出的建筑模型制作的新工具、新材料、新工艺，从而更好地满足了建筑模型制作过程的需求。此外，第三版在建筑模型色彩章节中还增加了“面层加工工艺”内容，详尽地介绍了建筑模型二次成色的制作工艺，以便使各高等院校建筑学及相关专业师生和广大读者了解并掌握该工艺在建筑模型制作领域中的应用。

本书中对知识讲解力求科学、详尽，但仍不免有欠妥之处，恳请广大读者多加指正，以便日后不断改进与完善。

编者

2012年8月

# 目 录

# 第一章

## 概　述

建筑模型是建筑设计的重要表现手段之一，现在已进入一个全新的阶段。在当今飞速发展的建筑界和高等院校建筑学及相关专业教学中，建筑模型日益被广大建筑同仁所重视。其原因在于建筑模型融其他表现手段之长、补其之短，有机地把形式与内容完美地结合在一起，以其独特的表现形式向人们展示了一个立体的视觉形象。同时，它还是当今数字化教学中的重要组成部分，是建筑设计不可或缺的辅助设计手段。

当今的模型制作，绝不是简单地仿型制作。它是理念、材料、工艺、色彩的组合。

首先，它依据虚拟空间内的二维或三维设计方案，通过创意、材料的选配形成了建筑模型制作构想。

其次，通过对材料手工、机械或数控工艺加工，生成了具有转折、凹凸变化的实体三维形态。

再次，运用对面层的物理与化学手段的工艺处理，产生惟妙惟肖的仿真效果。

所以，人们把模型制作称为造型艺术。

这种造型艺术对大家来讲，实际上是一个既熟悉又陌生的领域。说熟悉是因为每个人在日常的生活与工作中时时刻刻都在接触各种材料，都在无规律地加工和改变各种物质的形态。说陌生是因为建筑模型制作是一种专业化的制作，它是一个将建筑视觉对象推到原始状态，利用各种组合要素，按照形式美的原则，依据内在的规律，利用不同的材料组合、运用不同的加工工艺生成一种新的立体多维形态的过程。该过程涉及许多学科的知识，同时又具有较强的专业性。

学习建筑模型制作，对于模型制作人员来说：首先，要了解建筑“语言”，理解建筑设计的内涵，掌握建筑模型制作设计，根据模型制作工艺以最简单的加工方式准确而完整地表达建筑设计的内容。其次，要充分认知和了解各种材料，合理地使用各种材料。目前，作为建筑模型制作载体的专业材料、非专业材料和可以二次利用的材料种类繁多。因此，要想在若干种材料中寻求最佳组合，这就要求模型制作人员要了解和熟悉材料的物理特性与化学特性，并充分合理地利用材料，真正做到物尽其用、物为所用。再次，熟练掌握建筑模型制作各种制作基本方法、技巧和新工艺。作为建筑模型制作基本方法与技巧是实体模型构成的重要手段。在建筑模型制作中，任何复杂的建筑模型制作都是利用最基本的制作方法，合理地拆分原型，使用不同的加工工艺改变材料的形态，通过组合块面而形成新的多维形态。因而，要想完成复杂、高难度的建筑模型制作，必须有熟练的基本制作方法和技巧作保证。同时，还要通过在对基本制作方法和技巧熟练掌握的基础上，合理地利用多种加工手段和新工艺，从而进一步提高建筑模型的制作精度和表现力。

此外，作为模型制作人员还要掌握数控复合加工技术。近年来，随着数控复合加工技术的飞速发展与应用，建筑模型制作工艺有了质的飞跃，形成了加工工艺的多元化。对于新工艺的掌握与应用，有利于模型制作人员自身综合制作能力和建筑模型制作整体水平的提高。

总而言之，模型制作是一种理性化、艺术化的制作。它要求模型制作人员，一方面要有丰富的想象力和高度的概括力；另一方面要熟练地掌握模型制作的基本技法与多种制作工艺。只有这样才能通过理性的思维、艺术的表达，准确而完美地制作模型。

# 第二章

# 建筑模型分类

建筑模型的种类很多。但按其表现形式和最终用途，建筑模型一般可分为：方案模型和展示模型两大类。

## 第一节　方案模型

方案模型（图 1）包括单体建筑和群体建筑两种模型。它主要用于建筑设计过程中的分析现状、推敲设计构思、论证方案可行性等环节工作。这类模型由于侧重面不同，因而制作深度也不一样。一般主要侧重于内容，对于形式的表现则要求不是很高。

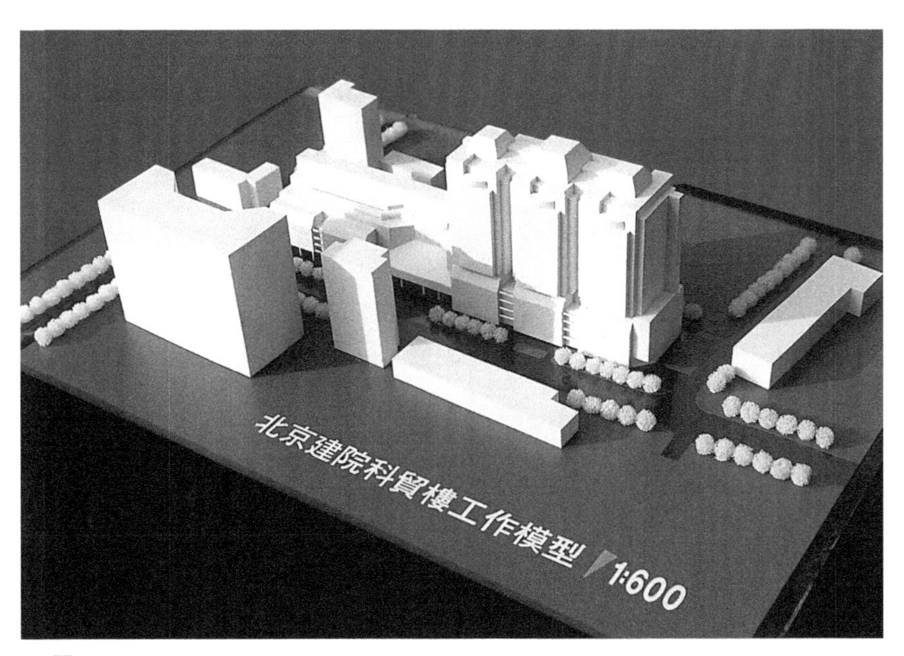


◀ 图 1 ▶

## 第二节　展示模型

展示模型（图 2）与方案模型相同，也包括单体建筑和群体建筑两种模型。它是建筑师在完成建筑设计后，将方案按一定的比例微缩后制作成的一种模型。这类模型无论是材料的使用，还是制作工艺都十分考究。其主要用途是在各种场合上展示建筑师设计的最终成果。

◀ 图 2 ▶

# 第三章

# 工　　具

工具是用来制作建筑模型所必需的器械。

在建筑模型制作中，一般操作都是用手工和半机械加工来完成的。因此，选择、使用工具尤为重要。

过去人们常常忽视这一因素，认为只要掌握制作方法，一切问题便迎刃而解了。其实不然，随着科学技术的发展，建筑模型制作的材料种类繁多，因而制作的技术也随之不断变化，从而工具在建筑模型制作中的重要作用也日益显现出来。

那么，如何选择建筑模型制作的工具呢?

一般来说，需要能够进行测绘、剪裁、切割、打磨、喷绘、热加工等操作。另外，随着制作者对加工制作的理解，也可以制作一些小型的专用工具。

总之，建筑模型制作的工具应随其制作物的变化而进行选择。工具和设备的拥有量，从某种意义上来说，它影响和制约着建筑模型的制作，但同时它又受到资金和场地的制约。本章将介绍一些建筑模型制作所需要的基本工具，仅供制作者参考。

## 第一节　测绘工具

在建筑模型制作过程中，测绘工具是十分重要的，它直接影响着建筑模型制作的精确度。一般常用的测绘工具有：

### 一、三棱尺（比例尺）

三棱尺（图3）是测量、换算图纸比例尺度的主要工具。其测量长度与换算比例多样，使用时应根据情况进行选择。

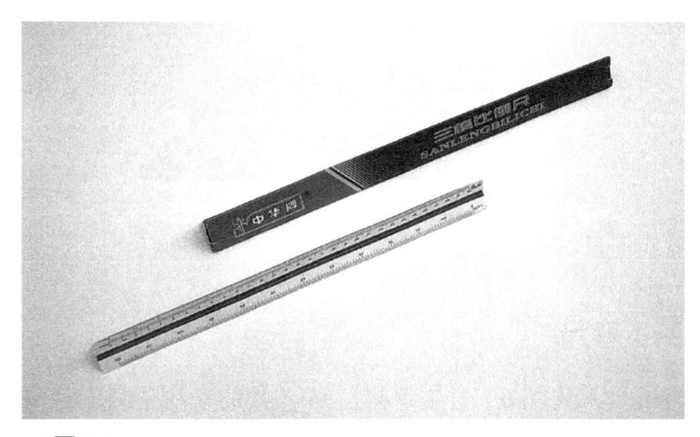

◀ 图3 ▶

### 二、直尺

直尺（图4）是画线、绘图和制作的必备工具。一般分为有机玻璃和不锈钢两种材

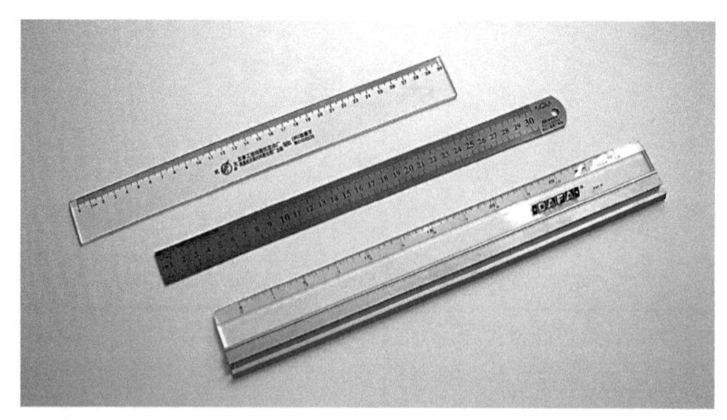


◀ 图 4 ▶

质。其常用的量程有: 300 mm、500 mm、1 m 及 1.2 m 四种。

## 三、三角板

三角板（图 5）是用于测量、绘制平行线、垂直线、直角与任意角的量具。一般常用的是 300 mm。

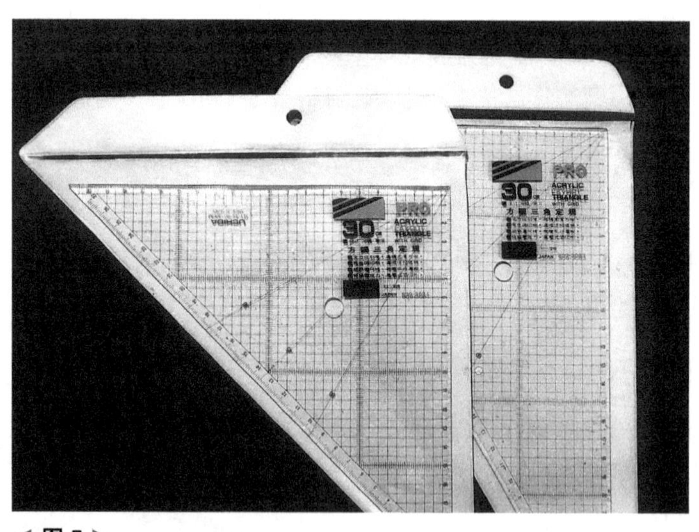


◀ 图 5 ▶

## 四、弯尺

弯尺（图 6）是用于测量 90。角的专用工具。尺身为不锈钢材质，测量长度规格多样，是建筑模型制作中切割直角时常用的工具。

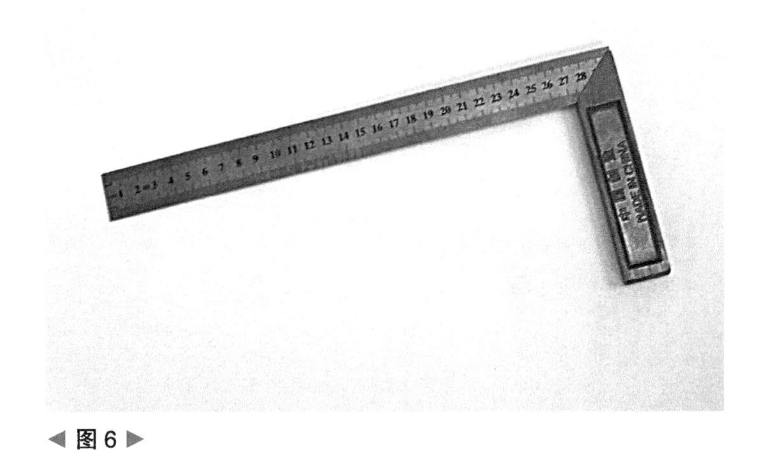


◀ 图 6 ▶

## 五、圆规

圆规（图 7）是用于测量、绘制圆的常用工具。一般常用的有一脚是尖针、另一脚是铅芯和两脚均是尖针的圆规。

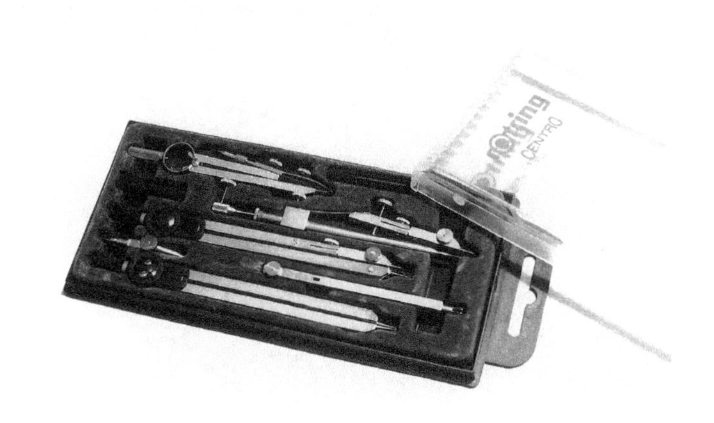

◀ 图 7 ▶

## 六、游标卡尺

游标卡尺（图 8）是用于测量加工物件内外径尺寸的量具。同时，它又是塑料类材料画线的理想工具。其测量精度可达 ±0.02 mm。一般常用的有 150 mm、300 mm 两种量程。

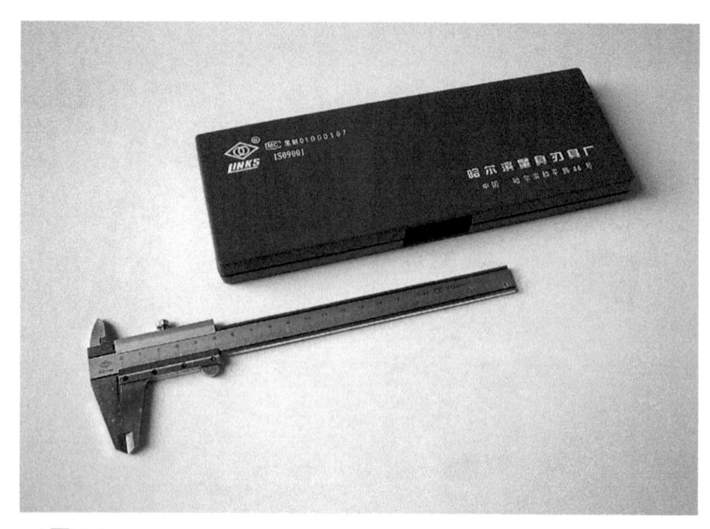


◀ 图 8 ▶

## 七、模板

模板（图 9）是一种测量、绘图的工具。它可以测量、绘制不同形状的图案。

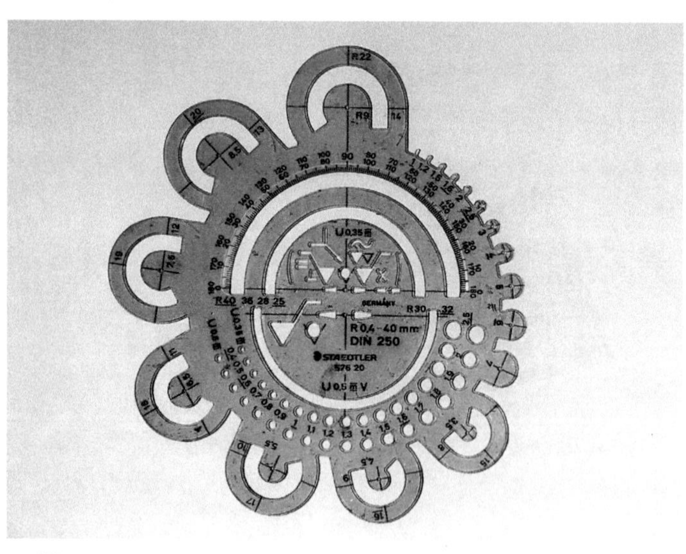


◀ 图 9 ▶

## 八、蛇尺

蛇尺（图 10）是一种可以根据曲线的形状任意弯曲的测量、绘图工具。尺身长度有 300 mm、600 mm、900 mm 等多种规格。

◀ 图 10 ▶

备有以上工具基本上可以满足测量、缩放、画线等基本操作。

这里应该特别强调注意的是，选择测绘工具时，要注意刻度的准确性。有条件时，可选用一些进口（如：红环、施德楼等品牌）测量用具及不锈钢尺等。这样便可以提高测量精度，减少累计误差，避免在实际制作过程中，因测量精度不准而引起的返工。

同时，模型制作者还应该注意的是，测绘工具和制作工具应严格区分，这样便可以减少因剪裁的磨损而引起直线弯曲、角度不准等问题。

## 第二节 剪裁、切割工具

剪裁、切割贯穿建筑模型制作过程的始终。为了制作不同材料的建筑模型的需求，一般应备如下剪裁、切割工具：

### 一、勾刀

勾刀（图 11）是切割塑料类板材的专用工具，刀片有单刃、双刃、平刃三种。它可以按直线和弧线切割一定厚度的塑料板材，同时，它还可以用于平面划痕。

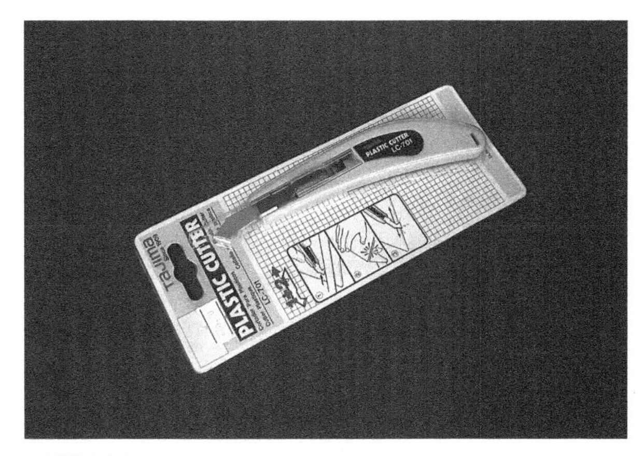


◀ 图 11 ▶

### 二、手术刀

手术刀（图 12）是用于建筑模型制作的一种主要切割工具。刀刃锋利，广泛用于及时贴、卡纸、赛璐珞、ABS 板、航模板等不同材质、

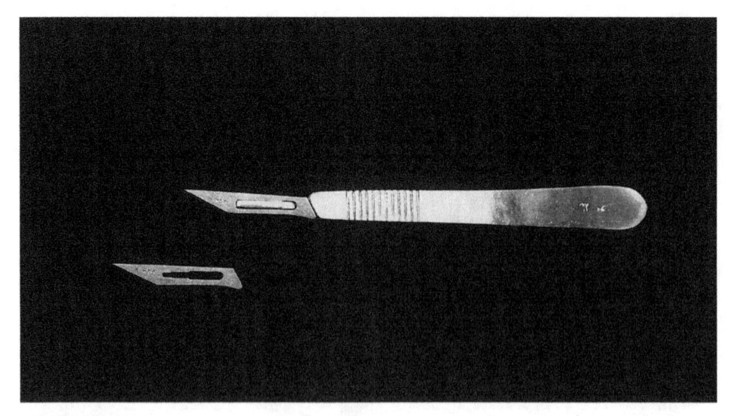

◀ 图 12 ▶

不同厚度材料的切割和细部处理。

## 三、推拉刀

推拉刀（图 13）俗称壁纸刀，它与手术刀的功能基本相同。在使用中可以根据需要，随时改变刀刃的长度。

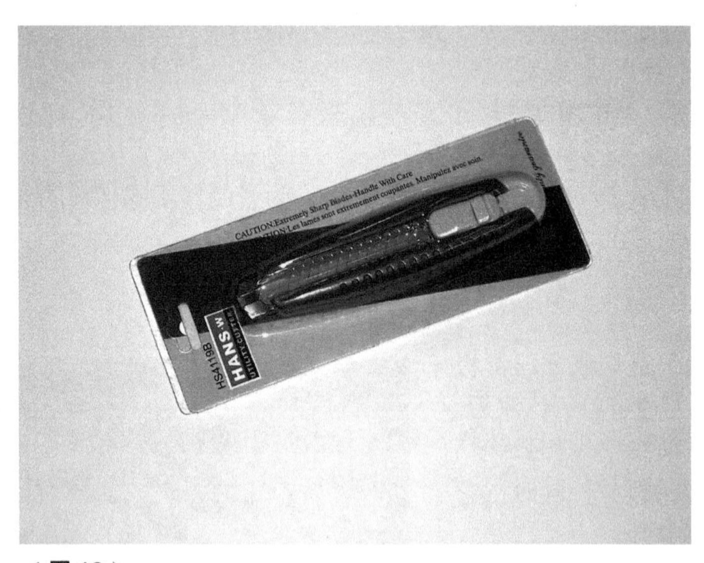


◀ 图 13 ▶

## 四、45° 切刀

45° 切刀（图 14）是用于切割 45° 斜面的一种专用工具，主要用于纸类、聚苯乙烯类、ABS 板等材料的切割。切割厚度不超过 5 mm。

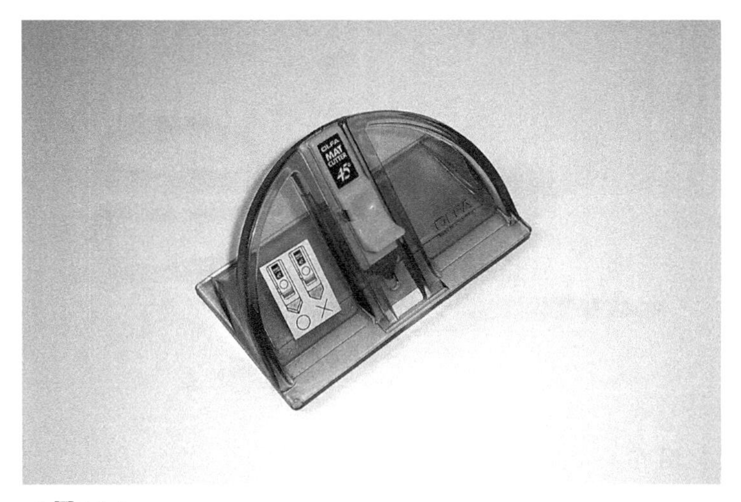


◀ 图 14 ▶

## 五、切圆刀

切圆刀（图 15）与 45° 切刀一样，同属于切割类专用工具。适用的切割材料范围与 45° 切刀相同。

◀ 图 15 ▶

## 六、剪刀

剪刀（图 16）是剪裁各种材料必备的工具，一般需大小各一把。

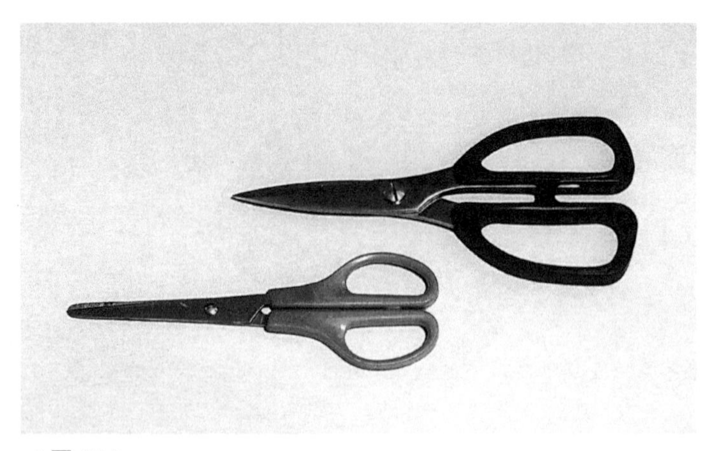

◀ 图 16 ▶

## 七、手锯

手锯（图 17）俗称刀锯，是切割木质材料的专用工具。此种手锯的锯片长度和锯齿粗细不一，选购和使用时应根据具体情况而定。

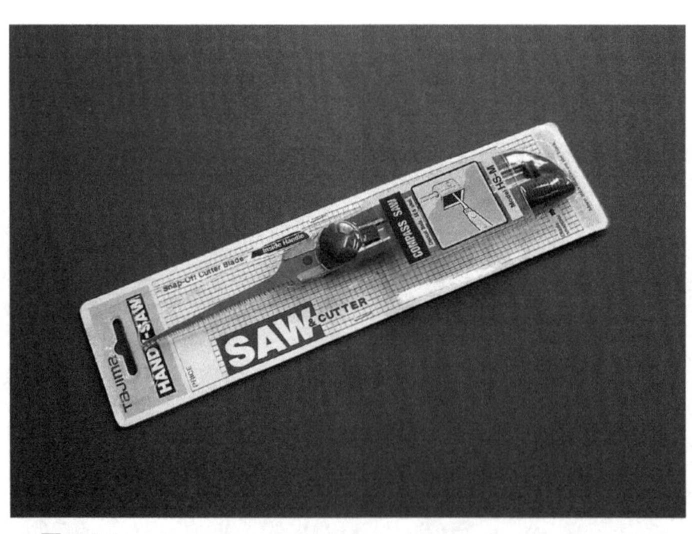


◀ 图 17 ▶

## 八、钢锯

钢锯（图 18）是适用范围较广泛的一种切割工具。该锯的锯齿粗细适中，使用方便。可以切割木质类、塑料类、金属类等多种材料。

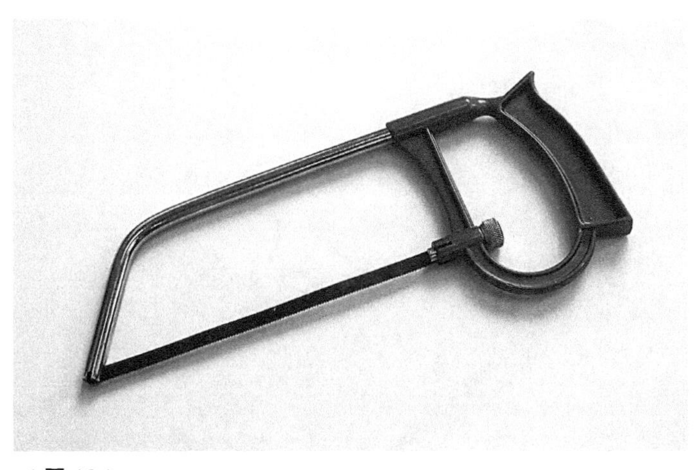

◀ 图 18 ▶

## 九、电动手锯

电动手锯（图 19）是切割多种材质的电动工具。该锯适用范围较广，使用中可任意转向，切割速度快，是材料粗加工过程中的一种主要切割工具。

◀ 图 19 ▶

## 十、电动曲线锯

电动曲线锯（图 20）俗称线锯，是一种适用于木质类和塑料类材料切割的电动工具。该锯使用时可以根据需要更换不同规格的锯条，加工精度较高，能切割直线、曲线及各种图形，是较为理想的切割工具。

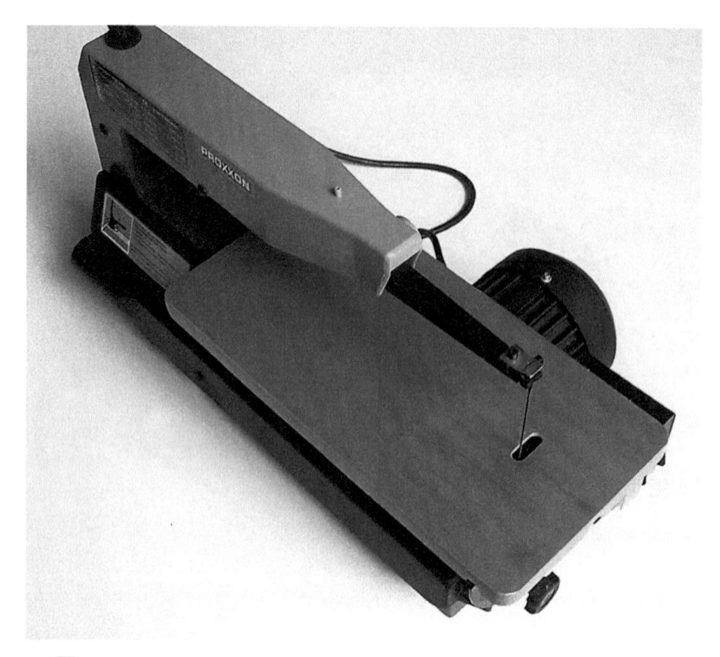


◀ 图 20 ▶

## 十一、带锯

带锯（图 21）是进行木材粗加工的必备工具。这种小型桌面带锯不同于木工加工用的带锯。该锯操作简便、噪声小、安全性能好，主要用于一些小体量木材的加工，特别适用于木质建筑模型的加工制作。

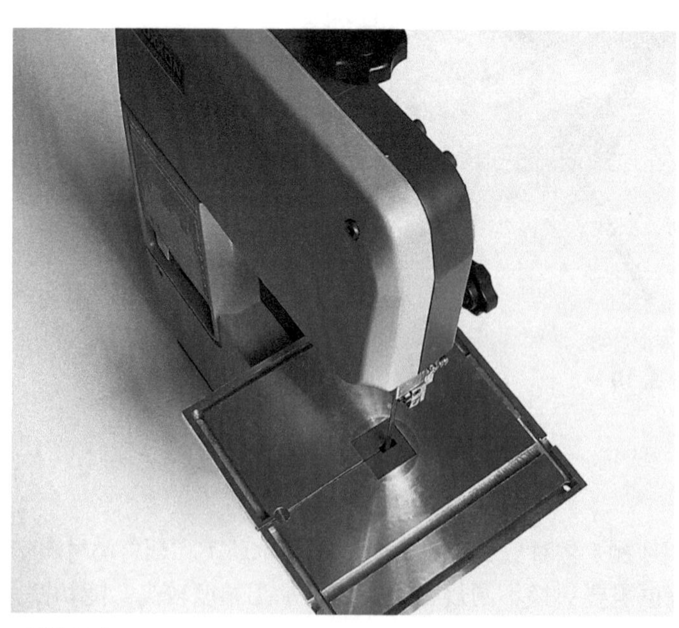

◀ 图 21 ▶

## 十二、电热切割器

电热切割器（图 22）主要用于聚苯乙烯类材料的加工。它可以根据制作需要，进行直线、曲线、圆及建筑立面细部的切割，操作简便，是制作聚苯乙烯类建筑模型必备的切割工具。

◀ 图 22 ▶

但是，此类切割工具由于专业性较强，市场上没有成品出售。因此，模型制作者只能购买些基本零件进行制作。其制作方法如下：

在制作电热切割器时，首先要制作一个木质工作台，台面尺寸一般以 50 cm × 50 cm 为宜。而后将控制变压器（220 V/6 V、220 V/9 V、220 V/12 V，功率 25 W）固定于操作台面右上方（图 23），将电热丝垂直固定于台面与工作台臂之间，并按电器原理图（图 24）进行连接，检查连接无误后通电进行测试，运转正常后方可投入使用。

◀ 图 23 ▶

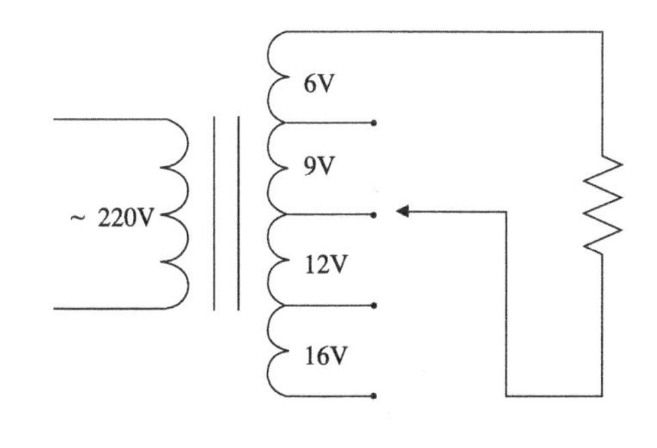


◀ 图 24 ▶

## 十三、优耐美模型机组

优耐美模型机组（图 25）是一组模型制作工具机。该机组由机座、滑轨、马达等组成，体积小、重量轻，可以用不同的方式组成车床、铣床、磨床等不同的机器，实现各种异型构件的加工制作。

◀ 图 25 ▶

## 十四、电脑雕刻机

电脑雕刻机（ 图 26）是一种制作建筑模型最理想的加工机具。该机采用的是计算机数控雕刻技术，支持多种图形软件，可加工平面和三维造型，简化了传统手工加工过程，并且具有加工精度高、速度快等特点。该机集计算机辅助设计技术、计算机辅助制造技术、数控技术、精密制造技术于一体，是目前制作加工建筑模型最先进的设备。

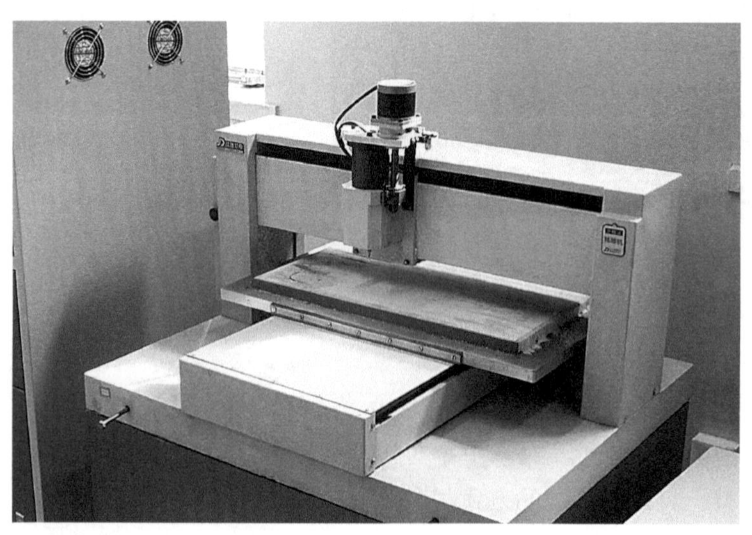

◀ 图 26 ▶

## 第三节 打磨、喷绘工具

打磨是建筑模型制作的又一重要环节。在建筑模型制作中，无论是粘接或是喷色前都要进行打磨。其精度直接影响到建筑模型制成后的视觉效果。一般常用打磨工具有：

### 一、砂纸

砂纸（图 27）分为木砂纸和水砂纸两种。根据砂粒目数 /cm$^2$ 分为粗细多种规格。使用简便、经济，适用于多种材质、不同形式的打磨。

◀ 图 27 ▶

### 二、砂纸机

砂纸机( 图 28 )是一种电动打磨工具。主要适用于平面的打磨和抛光。该机打磨面宽，操作简便，打磨速度快，效果较好，是一种较为理想的电动打磨工具。

◀ 图 28 ▶

## 三、锉刀

锉刀（图 29）是一种最常见、应用最广泛的打磨工具。它分为多种形状和规格。常用的有：板锉、三角锉、圆锉三大类。

板锉主要用于平面及接口的打磨，三角锉主要用于内角的打磨，圆锉主要用于曲线及内圆的打磨。上述几种锉刀一般有粗、中、细三种规格，其长度以 12.7 ~ 25.4cm（5 ~ 10 in）为宜。

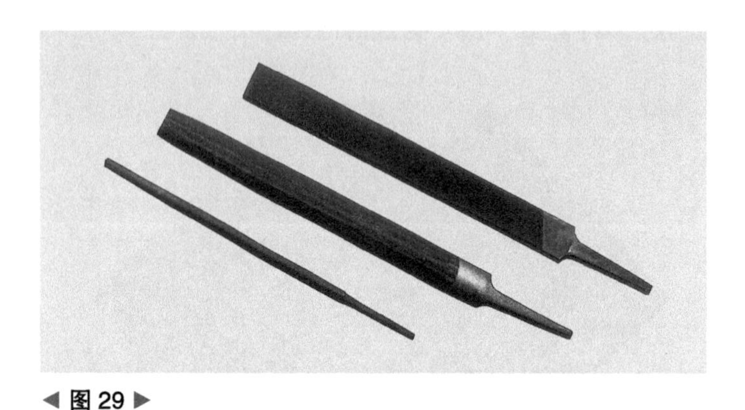

◀ 图 29 ▶

## 四、什锦锉

什锦锉（图 30）俗称组锉，是由多种形状的锉刀组成。锉齿细腻，使用于直线、曲线及不同形状孔径的精加工。

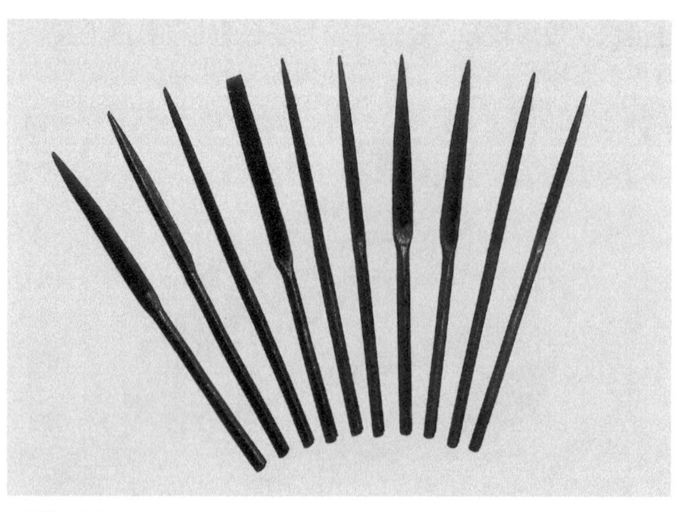

◀ 图 30 ▶

## 五、木工刨

木工刨（图 31）主要用于木质材料和塑料类材料平面和直线的切削、打磨。它可以通过调整刨刀露出的多少，改变切削和打磨量，是一种用途较为广泛的打磨工具。一般常用刨子规格为 5.08 cm、10.16 cm、25.4 cm（2 in、4 in、10 in）。

◀ 图 31 ▶

## 六、台式压刨机

台式压刨机（图 32 ）主要用于木质材料刨切、面层压光。该加工机具配有双面刨刀，可调节加工量，能一次性地完成木板材双面的粗、精加工，加工精度和加工后的面层光洁度都很高，是一种非常理想的电动切削式打磨设备。

◀ 图 32 ▶

## 七、小型台式砂轮机

小型台式砂轮机（图 33）主要用于多种材料的打磨。该砂轮机体积小、噪声小、转速快并可无级变速，加工精度较高，同时还可以连接软轴安装异型打磨刀具，进行各种细部的打磨和雕刻，是一种较为理想的电动打磨工具。

◀ 图 33 ▶

## 八、喷枪

喷枪（图 34）是制作面层喷涂加工的必备工具。在建筑模型制作中，较多采用的是气动和电动两种类型喷枪。电动喷枪接通电源后即可使用，气动喷枪则要配置相应的气泵才能使用。气动喷枪在使用功能上，又分为喷底漆、面漆、点修补等不同类型。喷嘴直径一般选用 0.8 mm、1.0 mm。

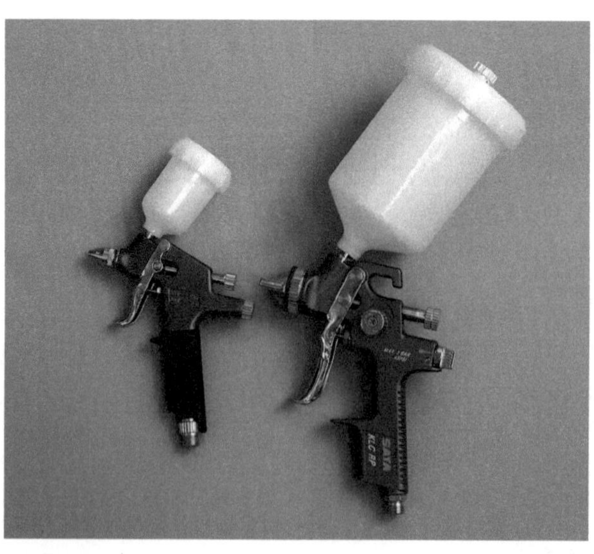

◀ 图 34 ▶

# 第四节　热加工工具

热加工工具是完成建筑模型异型构件制作的必备工具。在选择使用这类加热工具时，要特别注意工具的安全性，一般常用的加热工具有：

## 一、热风枪

热风枪（图 35）是用来对有机板、软陶等塑料类材料进行热加工的一种专用工具。该工具使用简捷、加热速度快、加热温度可调节、安全性能高，是用来热塑型的理想工具。

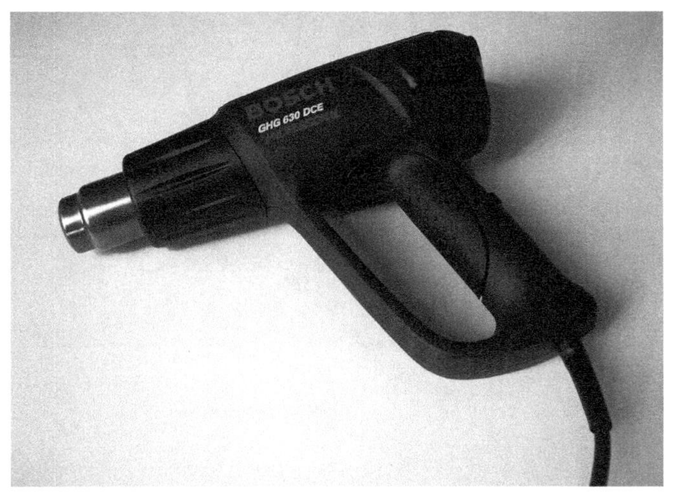


◀ 图 35 ▶

## 二、塑料板（亚克力）弯板机

塑料板（亚克力）弯板机（图 36）是模型制作者使用的专业弯板机。该机采用红外线加热技术，具有加热均匀、加热宽度在 5 ~ 10mm 范围内任意调节等特点，是塑料类板材的专业加工机具。

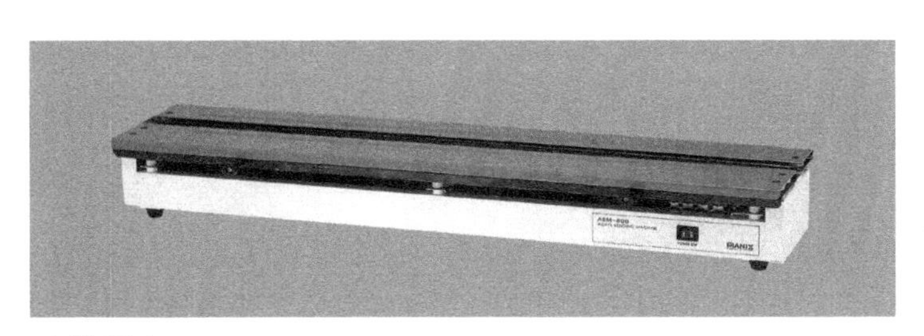

◀ 图 36 ▶

## 三、火焰抛光机

火焰抛光机（图 37）是利用电解水产生氢氧混合燃气的原理，专为火焰加工设计制造的专用设备。在建筑模型制作中，主要用于有机玻璃，特别是透明板材剪裁切割、打磨后，形成不规则表面的热抛光。抛光效果极佳。

◀ 图 37 ▶

# 第四章

# 材　　料

材料是建筑模型构成的一个重要因素，它决定了建筑模型的表面形态和立体形态。

在现代建筑模型制作中，材料概念的内涵与外延随着科学技术的进步与发展，在不断地改变，而且，建筑模型制作的专业性材料与非专业性材料界限的区分也越加模糊。特别是用于建筑模型制作的基本材料呈现出多品种、多样化的趋势。由过去单一的板材，发展到点、线、面、块等多种形态的基本材料。另外，随着表现手段的日臻完善和对建筑模型制作的认识与理解，很多非专业性的材料和生活中的废弃物也被作为建筑模型制作的辅助材料。

这一现象的出现无疑给建筑模型的制作带来了更多的选择余地，但同时，也产生了一些负面效应。很多模型制作者认为，材料选用的档次越高，其最终效果越好。其实不然，任何事物都是相对而言的，高档次材料固然好，但建筑模型制作所追求的是整体的最终效果。如果违背这一原则去选用材料，那么再好、档次再高的材料也会黯然失色，失去它自身的价值。

## 第一节　模型材料分类

材料有多种分类法，有按材料产生的年代进行划分的，也有按材料的物理特性和化学特性进行划分的。这里所介绍材料的分类，主要是从建筑模型制作角度进行划分的。由于各种材料在建筑模型制作过程中所充任的角色不同，因而把它划分为：主材、辅材两大类。

## 第二节　主材类

主材是用于制作建筑模型主体部分的材料。一般通常采用的是纸材、木材、塑料材三大类。在现今的建筑模型制作过程中，对于材料的使用并没有明显的限制，但并不意味着不需掌握材料的基本知识。因为，只有对各种材料的基本特性及适用范围有了透彻的了解，才能做到物尽其用、得心应手，才能达到事半功倍的效果。

总而言之，模型制作者在制作建筑模型时，要根据建筑设计方案和建筑模型制作方案合理地选用模型材料。

下面，就目前市场上销售的一些材料及其特性作一列举和分析，以便模型制作者选择时参考。

## 一、纸类材料

纸类材料是模型制作最基本、最简便，也是被大家所广泛采用的一种材料。纸的原料主要是植物纤维，原料中除含有纤维素、半纤维素、木素三大主要成分外，还含有少量的树脂、灰分等。按纸张的厚薄和重量分为纸和纸板。一般 200g/m$^2$ 以下的称为纸（图 38），以上的称为纸板（图 39）。该材料可以通过剪裁、折叠改变原有的形态；通过折皱产生各种不同的肌理；通过渲染改变其固有色，具有较强的可塑性。

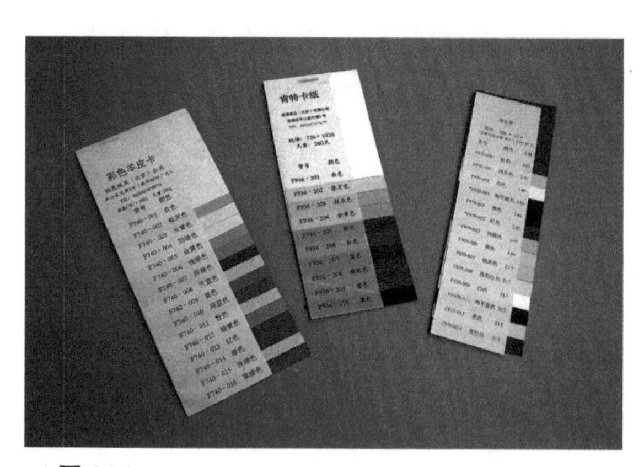

◀ 图 38 ▶

◀ 图 39 ▶

目前，市场上流行的纸和纸板的种类繁多。就色彩而言多达数十种，同时由于纸张的生产工艺不同，纸张的肌理和质感也不尽相同。模型制作者可以根据特定的条件需求来选择纸张。

此外，市场上还有系列仿石材和各种地、墙面砖的型材纸张。这类型材纸张仿真程度高、使用简便、简化了模型制作过程。但选用这类型材纸时，应特别注意造型图案的比例及型材纸张是否与模型制作整体风格统一。

总之，纸类材料无论从品种、加工工艺，还是整体视觉效果来看，都是一种较理想的建筑模型制作材料。

材料优点：适用范围广，柔软性良好，耐久性佳，品种、规格、色彩多样，易加工，表现力强。

材料缺点：材料强度低，吸湿性强，受潮易变形，在建筑模型制作过程中，粘接速度慢，成型后不易修整。

## 二、塑料发泡类材料

（一）聚苯乙烯泡沫板

聚苯乙烯泡沫板（图 40）是一种用途相当广泛的材料，属塑料材料的一种 。原料为

◀ 图 40 ▶

含有挥发性液体发泡剂和可发性聚苯乙烯（EPS）珠粒，经加热预发泡后在模具中加热成型。该材料发泡密度小，可用手工或热熔切割机进行造型加工，是制作方案模型常用的材料。

材料优点：造价低、材质轻、易加工、有一定的可塑性。

材料缺点：质地粗糙、抗压强度小、不易着色（该材料属有机类发泡制品，溶于普通溶剂。着色时不能选用带有稀料的涂料，若选用含有溶剂成分的涂料，需进行面层后处理工序，工艺较复杂）。

（二）EK 板

EK 板（图 41）与聚苯乙烯泡沫板同属塑料类发泡材料。该材料发泡密度大，可用手工或专用切割机进行造型加工，同时还可以打磨的形式对造型进行精加工。该材料适用范围广泛，可制作建筑类模型和工业产品模型。

◀ 图 41 ▶

材料优点：材质轻、泡沫细腻、易加工、耐水性强、抗压强度大、可塑性强。

材料缺点：造价高，不易着色。

## 三、塑料类材料

塑料板、有机玻璃板、ABS 板、PVC 板在模型制作材料中属硬质材料。主要用于展示类模型的制作，是模型制作的主流塑性材料。它们分别由不同的化工原料、不同的加工工艺制成。由于材料密度、物理特性、化学特性差异较大，因而材料的优缺点及适用范围也不尽相同 。

（一）塑料板

塑料板（图 42）材料密度：0.93。是利用高分子聚合物添加各种辅助材料 ，以合成或缩合反应聚合而成的板材，属热固性类材料，材料熔点低。该材料适用于手工和机械加工，不适用于数控雕刻高速切削加工。在建筑模型制作中，适用于大面积平面使用，无法二次热塑型。

◀ 图 42 ▶

材料优点：具有较好的化学稳定性和耐候性，质地较细腻、易染色，易加工，造价低。

材料缺点：耐磨性差，不耐高温，易老化，不易保存。

（二）有机玻璃

有机玻璃（图 43）俗称亚克力。材料密度：1.19。是由甲基丙烯酸甲酯聚合而成的材料。材料按生产工艺分为浇铸板和挤出板两大类，按品种分为透明板和不透明板。常用厚度 0.5~3mm。透明板一般用于制作建筑物玻璃造型体和采光部分，不透明板主要用于制作建筑物主体部分。该板材热塑性强，通过热加，模具定型，可以制作各种曲面的造型。

◀ 图 43 ▶

材料优点：具有较好的化学稳定性和耐候性，质地细腻，机械强度高，易染色，易加工。

材料缺点：制作工艺较复杂，易老化，不易保存。

（三）PVC 板

PVC 板（图 44）材料密度：1.19，硬质密度：1.38 ~ 1.43。是以聚氯乙烯树脂与稳定剂等辅料配合后压延 、层压而成的板

◀ 图 44 ▶

材。材料按生产工艺分挤出板、层压板两大类，按品种分为透明板和不透明板。常用厚度：3mm、5mm、10mm 、20mm 。该材料在建筑模型制作中，适用于体块造型的加工使用。

材料优点：具有优良的化学稳定性，表面光洁平整，硬度大，强度高，耐老化，易加工。

材料缺点：层压板在适用范围有局限性。在做非线性造型数控加工时，极易产生材料内应力变化，从而导致板材在加工过程中形变。

（四）ABS

ABS 板俗称：工程塑料合金（图 45）材料密度：1.05。是丙烯腈 / 丁二烯 / 苯乙烯共聚物板。它将 PS、SAN、BS 的各种性能有机地统一起来，兼具韧、硬、刚相均衡的优良力学性能。该材料为磁白、浅米黄色板材，常用厚度：0.3~5mm。是当今流行的手工及电脑雕刻制作模型的主要材料。

材料优点：适用范围广、材质劲挺、细腻，强度较高，易加工，染色性、可塑性强。

材料缺点：热变形温度较低，材料塑性较大。

◀ 图 45 ▶

## 四、木质类材料

木质类是建筑模型制作的基本材料之一。最常用的是轻木、软木和微薄木。

（一）轻木

轻木（图 46）通常采用泡桐木、巴沙木为原材料，是经化学处理、脱水而制成的板材，亦称航模板。这种板材质地细腻，且经过化学与脱水工艺处理，所以在剪裁、切割过程中，无论是沿木材纹理切割，还是垂直于木材纹理切割，加工面都不会劈裂。此外，可用于建筑模型制作的木材还有椴木、云杉、杨木、朴木等，这些木材纹理平直，且质地较软，易于加工和造型。但采用上述木材制作建筑模型时，材料一定要经过脱水工艺处理。

◀ 图 46 ▶

（二）软木

软木( 图 47 )是制作建筑模型的基本材料。该材料是将木材粉碎后制成的一种新板材，厚度 3 ~ 8mm，具有多种木材肌理，是制作建筑模型地形的最佳材料之一。

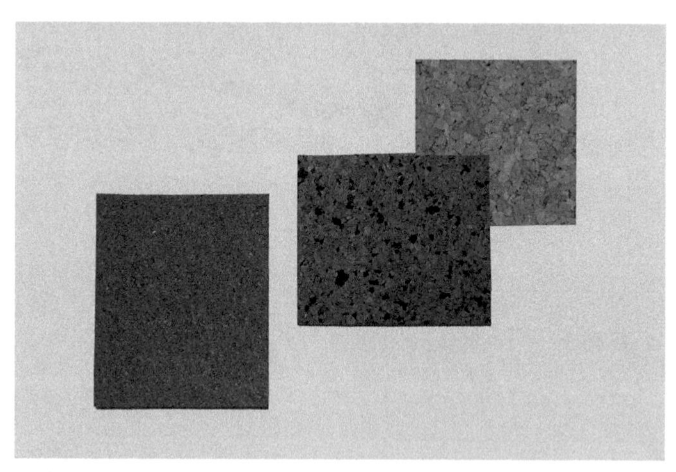

◀ 图 47 ▶

（三）微薄木（木皮）

微薄木是一种较为流行的木质贴面材料，俗称木皮。是由圆木旋切而成。厚度 0.5 ~ 1.0 mm，具有多种木材纹理，可用于建筑模型面层处理。

上述三种材料同属于木质材料，其材料的优缺点较为一致。

材料优点：材质细腻、纹理清晰、极富自然表现力、易加工。

材料缺点：吸湿性强、易变形。

# 第三节　辅材类

辅材是用于制作建筑模型主体以外部分的材料和加工制作过程中使用的胶粘剂。它主要用于制作建筑模型主体的细部和环境。辅材的种类很多，尤其是近几年来涌现出的新材料，无论是从仿真程度，还是从实用价值来看，都远远超越了传统材料。这种超越，一方面使建筑模型更具表现力，另一方面使建筑模型制作更加系统化和专业化。下面介绍一些常用的辅材，以供制作时参考。

## 一、仿真类材料

（一）金属材料

金属材料（图48）是建筑模型制作中经常使用的一种辅材。它包括：钢、铜、铅等的板材、管材、线材三大类。该材料一般用于建筑物某一局部的加工制作，如：建筑物墙面的线脚、柱子、网架、楼梯扶手等。这里应该指出的是，建筑模型制作中使用的这些金属材料，并不是现加工制作的。因为金属材料的加工对工艺和模具等方面要求较高，手工制作很难满足加工精度的要求。所以，一般是采用型材或替代品，经过简单的加工和整理而成型。

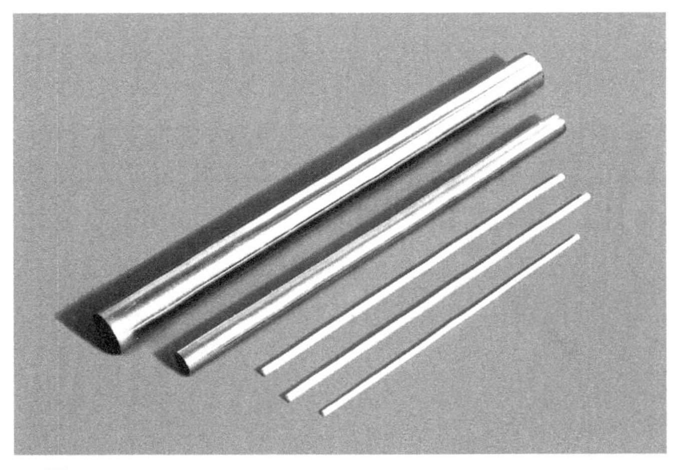

◀ 图48 ▶

此外，市场上现在有一些进口成品部件，它可以直接用于建筑模型制作。

（二）单面金属板

单面金属板（图49）是一种以多种色彩塑料板为基底，表层附有各种金属涂层的复合材料。该材料厚度为1.2 ~ 1.5mm。主要用于建筑物立面金属材料部分和大面积玻璃幕墙的制作。该板材表面的金属涂层有多种效果，仿真程度高，使用起来比纯金属材料简便。但由于该材料是板材，从而限制了它在建筑模型制作中的使用范围。

◀ 图 49 ▶

（三）双色板

双色板（图 50）是以两种不同色彩的塑料材料组合成基材和面层的一种复合型板材。该材料厚度为 1.2 ~ 1.5 mm，面层厚度为 0.3 mm。面层效果有两大类，一类是和基材同质的塑料面层，通过划痕、雕刻工艺完成具有凹凸感的平面图形、文字的制作；另一类是仿石材面层，该类板材品种较多，仿真程度高，在建筑模型制作中，主要用于石材部分效果的仿真制作。

◀ 图 50 ▶

（四）确玲珑

确玲珑（图 51）是一种新型的建筑模型制作材料。它是以塑料类材料为基底，表层附有各种金属涂层的复合材料。该材料色彩种类繁多，厚度仅 0.5 ~ 0.7 mm。该材料表

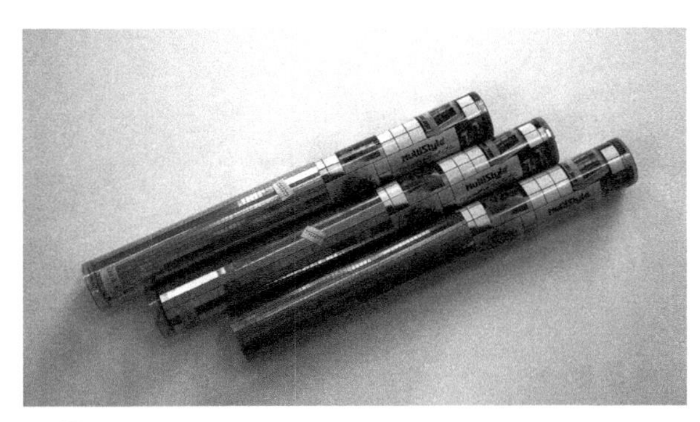

◀ 图 51 ▶

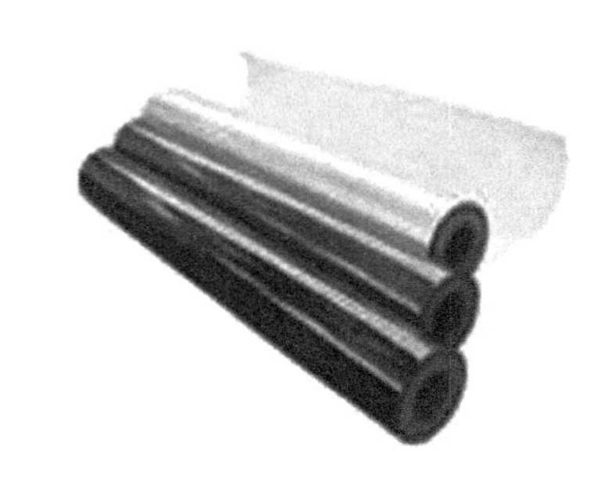

◀ 图 52 ▶

面金属涂层有的已按不同的比例做好分格，基底部附有不干胶，可即用即贴，使用十分方便。另外，由于材料厚度较薄，制作弧面时，不需特殊处理，靠自身的弯曲度即可完成，是一种制作玻璃幕墙的理想材料。

（五）贴膜

贴膜（图 52）是一种模型面层装饰材料。该材料有金属膜、透明膜和彩色膜系列，色彩品种多样，材料具有很强的延展性、贴合性和耐久性，操作工艺简捷，可完成曲面造型的面层装饰。

（六）及时贴

及时贴（图 53）是应用非常广泛的一种装饰材料。该材料品种、规格、色彩十分丰富。主要用于制作道路、水面、绿化及建筑主体的细部。此材料价格低廉、剪裁方便、单面覆胶，是一种表现力较强的建筑模型制作材料。

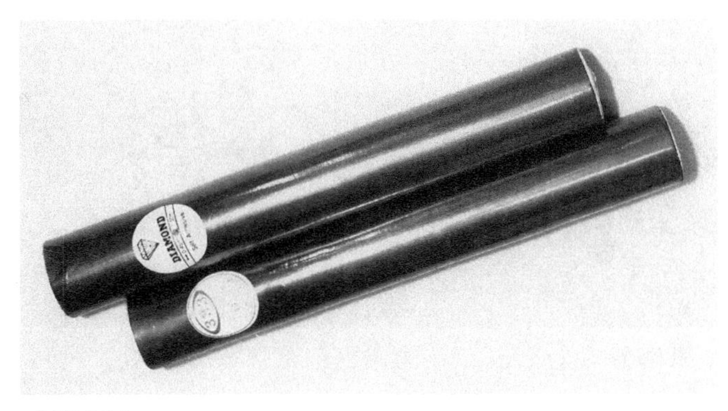

◀ 图 53 ▶

（七）植绒及时贴

植绒及时贴（图 54）是一种表层为绒面的装饰材料。该材料色彩较少。在建筑模型制作中，主要是用绿色，一般用来制作大面积绿地。此材料单面覆胶、操作简便、价格适中。但从视觉效果而言，此材料在使用中有其局限性。

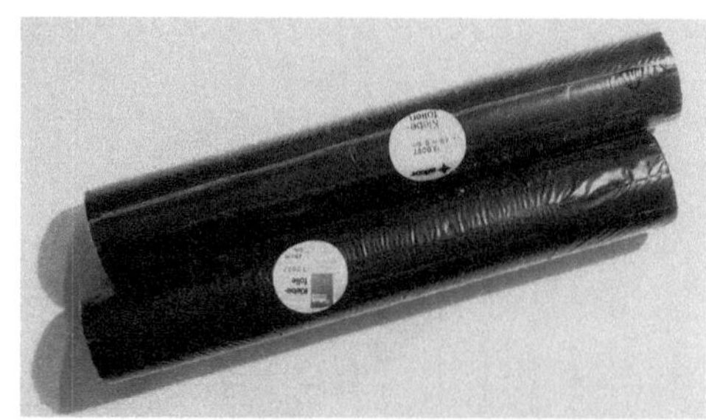

◀ 图 54 ▶

◀ 图 55 ▶

（八）仿真草皮

仿真草皮（图 55）是用于制作建筑模型绿地的一种专用材料。该材料质感好，颜色逼真，使用简便，仿真程度高。目前，此材料有的为进口，产地分别为德国、日本等国家，价格较贵。

（九）绿地粉

绿地粉（图 56）主要用于山地绿化和树木的制作。该材料为粉末颗粒状，色彩种类较多，通过调合可以制作多种绿化效果，是目前制作绿化环境经常使用的一种基本材料。

◀ 图 56 ▶

（十）泡沫塑料

泡沫塑料（图 57）主要用于绿化环境的制作。该材料是以塑料为原料，经过发泡工艺制成，具有不同的孔隙与膨松度。此种材料可塑性强，经过特殊的处理和加工，可以制成各种仿真程度极高的绿化环境用的树木，是一种使用范围广、价格低廉的制作绿化环境的基本材料。

◀ 图 57 ▶

（十一）水面胶

水面胶（图 58）又称 A、B 水，是一种双组份树脂类材料，仿制水面效果极佳。使用时按比例调制，搅拌均匀后，倒入制作的相应位置，数分钟后即可固化。该材料适用于小面积水面的仿真制作。

◀ 图 58 ▶

（十二）型材

建筑模型型材（图 59 ~图 67）是将原材料初加工为具有各种造型、各种尺度的材料。现在市场上出售的建筑模型型材种类较多，按其用途可分为基本型材、仿真型材、成品型材。基本型材主要包括：角棒、半圆棒、圆棒，主要用于建筑模型主体部分制作。仿真

◀ 图 59 ▶

◀ 图 60 ▶

◀ 图 61 ▶

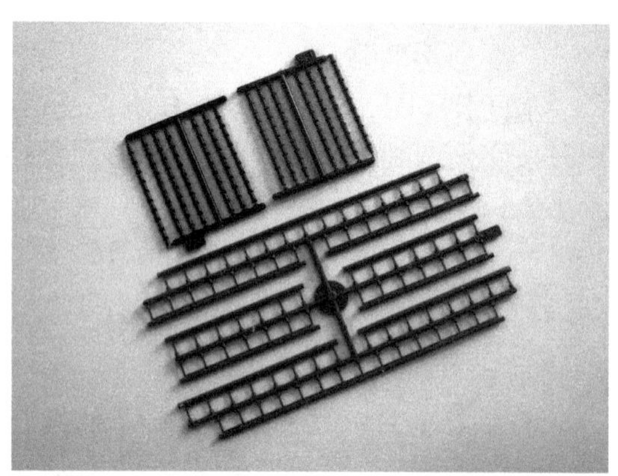

◀ 图 62 ▶

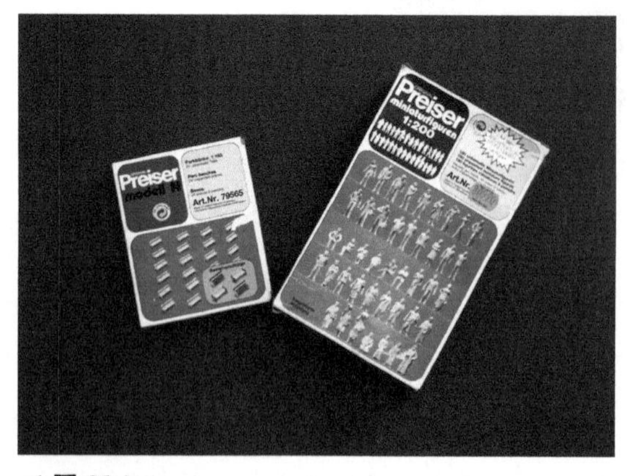


◀ 图 63 ▶

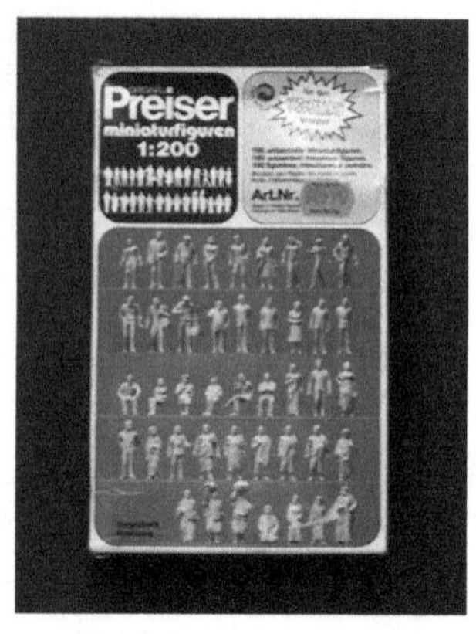


◀ 图 64 ▶

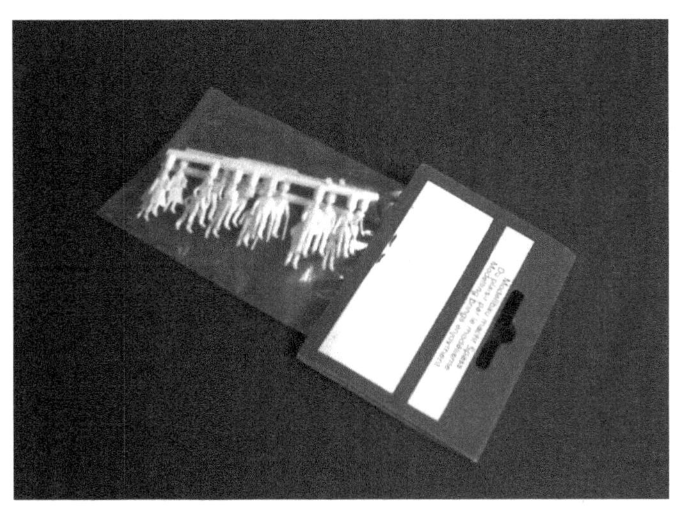

◀ 图 65 ▶

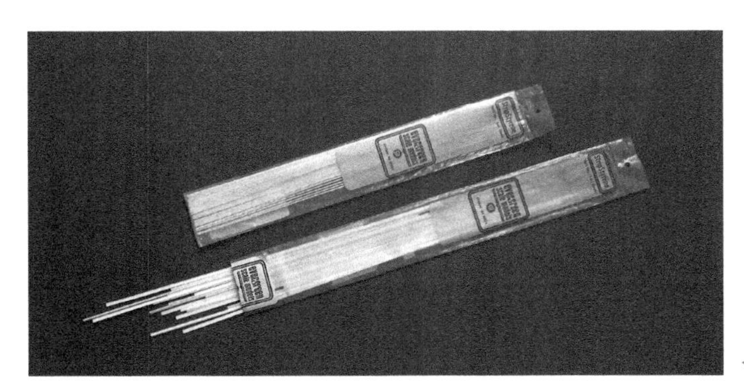

◀ 图 66 ▶

◀ 图 67 ▶

型材主要包括：屋瓦、墙纸，主要用于建筑模型主体内外墙及屋顶部分制作。成品型材主要包括：围栏、标志、汽车、路灯、人物等，主要用于建筑模型配景制作。

上述型材的使用既简化了加工过程，又提高了制作精度及仿真效果。但值得注意的是这些型材都是依据不同尺度制作的，使用时要注意与制作的建筑模型比例相吻合。

## 二、光效仿真类材料

（一）荧光灯

荧光灯是一种通用型照明灯具，灯具形状各异（图 68），工作电压为 220V，是一种冷光源发光灯具。该系列灯具具有光照强度高、安全度高等特点。在建筑模型光效仿真的制作中，主要用于大面积发光光源的仿真制作。

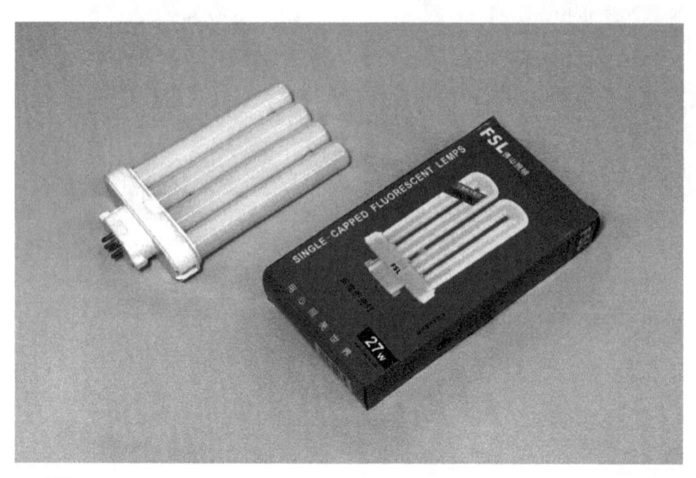


◀ 图 68 ▶

（二）发光二极管

发光二极管（图 69）简称为 LED。是由镓（Ga）与砷（AS）、磷（P）的化合物制成的二极管，管体 Φ3mm、Φ5mm。通电时可呈现不同色彩的光效。发光二极管具有体积小、工作电压低、工作电流小、发光色彩品种多样、高仿真等特点。在建筑模型光效仿真的制作中，主要用于点光源的仿真制作。

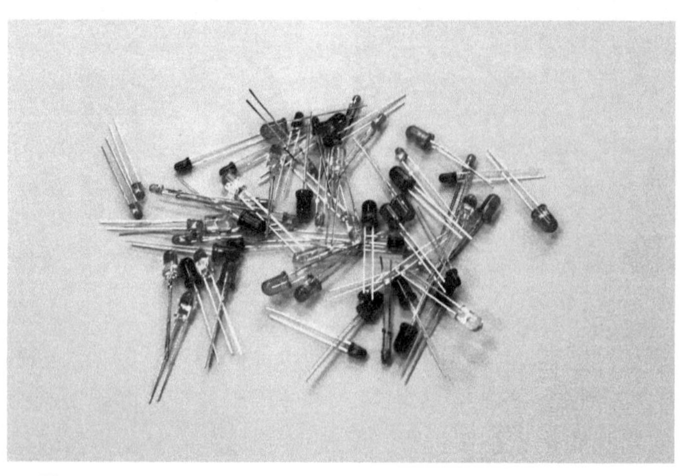

◀ 图 69 ▶

（三）米泡

米泡（图 70）是一种微型的小灯泡。该灯泡为单色发光体，泡体 Φ2mm。具有体积小、工作电压低、工作电流小、发光均匀稳定、响应速度快、寿命长、高仿真等特点。在建筑模型光效仿真的制作中，主要用于配景灯具系列的仿真制作。

◀ 图 70 ▶

（四）霓虹灯发光线

霓虹灯发光线（图 71）是一种发光线材。线 Φ0.8 ~ 8mm。该线材具有工作电压低、线性柔软、发光均匀细腻，颜色丰富、色彩亮丽，高仿真等优点。使用时，需配置专用驱动器，可裁减、拼接，折叠弯曲，折角可以≥ 15°，弯曲可以实现 360°。在建筑模型光效仿真的制作中，主要用于线光源仿真制作。

◀ 图 71 ▶

（五）EL 发光片

EL 发光片（图 72）基材为 PET 塑料片，采用电致发光（EL）原理。片材厚度一般在 0.2~0.5mm。该发光片具有工作电压低，颜色丰富，使用时，需配置专用驱动器，可弯曲、可剪裁，重量轻，是一种冷光源平面发光材料。在建筑模型光效仿真的制作中，主要用于平面光源仿真制作。

◀ 图 72 ▶

（六）偏光膜

偏光膜（图 73）是制作动感水面的主要材料。光片厚度：0.5mm。该材料在制作动感水面时，需配以同步电机、有机玻璃、环形灯管和镇流器等辅材，利用材料的光学特性，可以模拟流动水面效果，制作工艺简捷，仿真效果极佳。

◀ 图 73 ▶

## 三、快速成型类材料

（一）纸黏土

纸黏土（图 74）是一种制作建筑模型和配景环境的材料。该材料是由纸浆、纤维束、胶、水混合而成的白色泥状体。它可以用雕塑的手法，瞬间把建筑物塑造出来。此外，由于该材料具有可塑性强、便于修改、干燥后较轻等特点，模型制作者常用此材料来制作山地的地形。但该材料缺点是收缩率大，因此，在使用该材料时，应考虑此因素，避免在制作过程中产生尺度的误差。

◀ 图 74 ▶

（二）软陶

软陶（图 75）是一种聚合体黏土。是由聚氯乙烯 PVC 和无机填料、颜色色素混合而成的一种复合物。该材料有多种色彩，具有高度延展性和可塑性，可以通过挤压进行塑型，成型后用加热设备进行烘烤定型。软陶烘烤定型温度为 120~150 ℃。在模型制作中是一种快速成型的材料。

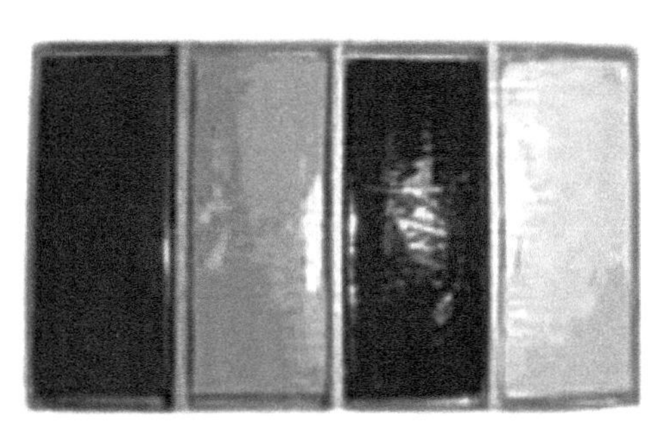

◀ 图 75 ▶

（三）油泥

油泥（图 76）俗称橡皮泥。该材料的特性和纸黏土相同，其不同之处在于橡皮泥是油性泥状体，使用过程中不易干燥。一般此材料用于制作灌制石膏模具。

◀ 图 76 ▶

（四）工业油泥

工业油泥（图 77）是一种类似橡皮泥的特殊化学合成黏土。该材料为棕色泥状块体，有低硫或不含硫磺等品种，环境温度在 20~25 ℃ 的情况下，能保持适当的硬度和稳定的形态。使用时根据油泥的种类，加热到 45~60 ℃ 时进行塑型，塑型时可进行多次敷涂和刮削。成型后还可以采用不同工艺进行面层装饰，是一种应用广泛的快速成型材料。

◀ 图 77 ▶

（五）模具硅橡胶

模具硅橡胶（图 78 ）双组份室温硫化硅橡胶。该材料为白色或透明液体，黏度低、流动性好，硬度调节范围大，拉伸性能、抗撕裂性能优异，硫化后具有优良的防粘性能，硫化时收缩率极小，可在 65~250℃温度范围内长期保持弹性，用法简单，工艺适用性强。在模型制作中，主要用于构件复制的软模具制作。

◀ 图 78 ▶

（六）石膏

石膏（图 79）是一种适用范围较广泛的材料。该材料是白色粉状，加水干燥后成为固体，质地较轻而硬。模型制作者常用此材料塑造各种物体的造型。同时，还可以用模具灌制法，进行同一物件的多次制作。另外，在建筑模型制作中，还可以与其他材料混合使用，通过喷涂着色，具有与其他材质同一的效果。该材料的缺点是干燥时间较长，加工制作过程中物件易破损。同时，因受材质自身的限制，物体表面略显粗糙。

◀ 图 79 ▶

（七）石蜡

石蜡（图 80）是一种工业蜡。该材料是乳白色块状，它不同于民用洋蜡，质地较为坚硬，加热熔化后加入一定配比量的松香，冷却固化后更为坚硬。因此，模型制作者常用此材料雕刻或翻制各种造型。

◀ 图 80 ▶

（八）玻璃钢

玻璃钢（图 81 ）是以合成树脂作基体材料，以玻璃纤维及其他制品作增强材料的一种复合材料。由于基体材料的品种不同，又分为聚酯玻璃钢、环氧玻璃钢、酚醛玻璃钢。该材料为透明无色或黄色透明液体，黏度较低，是一种双组份材料。使用时，要按比例添加固化剂。在具体操作过程中，可采用叠层涂刷制作方法，操作工艺简捷，干燥速度快，材料固化后强度非常高。在模型制作中，主要用于壳体造型的制作与原型的翻制。

◀ 图 81 ▶

## 四、面层抛光材料

有机玻璃抛光膏

有机玻璃抛光膏（图 82）以稀土金属氧化物为磨料，加入上光剂等辅助原料制成。该材料可用于手工或机械抛光，具有抛光速度快，抛光后对有机玻璃表面无损伤，有机玻璃表面光洁明亮等特点。主要用于透明有机玻璃加工后，表面的研磨抛光。

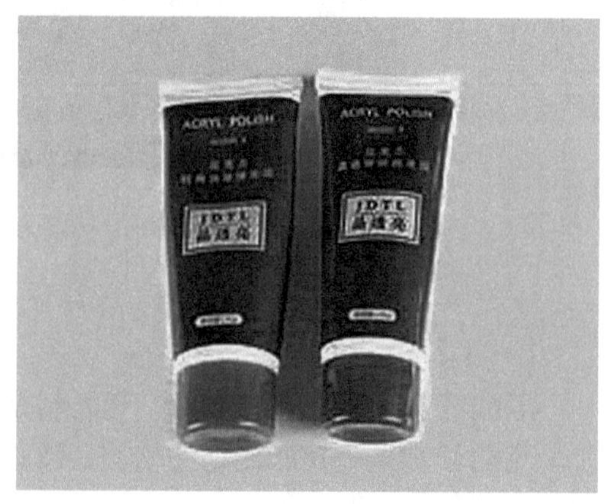


◀ 图 82 ▶

## 五、胶粘剂

胶粘剂在建筑模型制作中占有很重要的地位。因为，建筑模型制作是靠它把多个点、线、面材连接起来，组成一个三维建筑模型。同时，因使用的材质不尽相同，所以，必须对胶粘剂的性状、适用范围、强度等特性有深刻的了解和认识，以便在建筑模型制作中恰当、合理地选择和使用各类胶粘剂。

（一）纸类胶粘剂

1. 白乳胶

白乳胶（图 83）为白色黏稠液体。该胶粘接操作简便，干燥后无明显胶痕，粘接强度较大，干燥速度较慢，是粘接木材和各种纸板的胶粘剂。

2. 胶水

胶水（图 84）为水质透明液体。适用于各种纸类粘接，其特点与白乳胶相同，粘接强度略低于白乳胶。

3. 喷胶

喷胶（图 85）为罐装无色透明胶体。该胶粘剂适用范围广，粘接强度大，使用简便。在粘接时，只需轻轻按动喷嘴，罐内胶液即可均匀地喷到被粘接物表面，待数秒钟后，即可进行粘贴。该胶粘剂特别适用较大面积的纸类粘接。

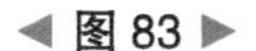

◀ 图 83 ▶

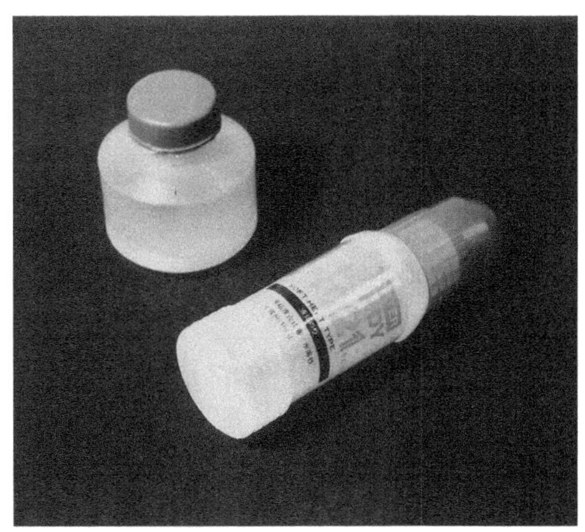

◀ 图 84 ▶

◀ 图 85 ▶

4. 双面胶带

双面胶带（图 86）为带状粘接材料。胶带宽度不等，胶体附着在带基上。该胶带适用范围广，使用简便，粘接强度较高，主要用于纸类平面的粘接。

◀ 图 86 ▶

（二）塑料类胶粘剂

1. 三氯甲烷

三氯甲烷（氯仿）（图 87）无色透明重质液体。有特殊气味，极易挥发。是一种低沸点溶剂 。该溶剂是以熔融方式将材料进行粘接。是粘接塑料、有机玻璃、ABS 材料的最佳粘接剂。干燥速度快，强度高，粘接干燥后无胶痕。但此类溶剂有毒、副作用，使用时应注意室内通风，存放时应注意避光保存。

2. 丙酮

丙酮（阿西通）（图 88 ）无色透明易流动液体，有芳香气味，易燃、极易挥发。是一种低沸点溶剂 。该溶剂是以熔融方式将材料进行粘接。是粘接塑料、有机玻璃、ABS 材料的最佳粘接剂。干燥速度快，强度高，粘接干燥后无胶痕。但此类溶剂有毒、副作用，使用时应注意室内通风，存放时应注意避光保存。

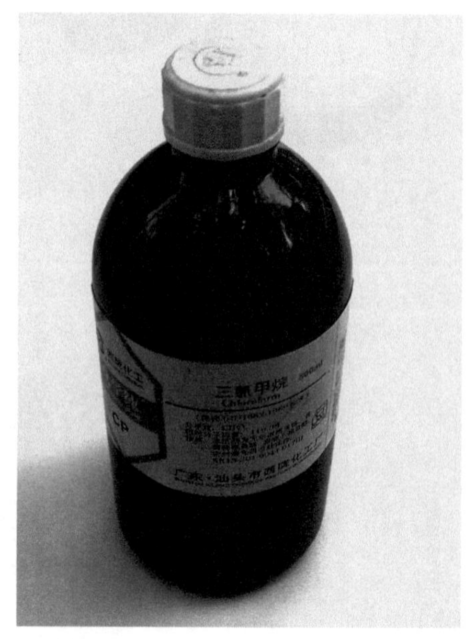


◀ 图 87 ▶

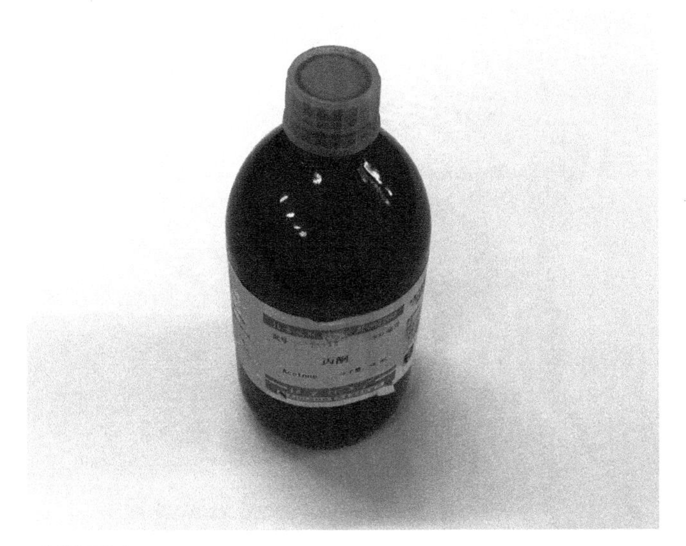

◀ 图 88 ▶

3. 502 胶粘剂

502 胶粘剂（图 89）为无色透明液体，是一种瞬间强力胶粘剂。它适用于多种塑料类材料的粘接。该胶粘剂使用简便，干燥速度快，强度高，是一种理想的胶粘剂。该胶粘剂保存时应封好瓶口并放置于冰箱内保存，避免高温和氧化而影响胶液的粘接力。

◀ 图 89 ▶

4. 热熔胶

热熔胶（图 90）为乳白色棒状。是一种不含水，不需溶剂的固体可熔性聚合物。在常温下热熔胶为固体，用专用热熔枪加热后，胶棒变成能流动而有黏结性的胶体。该

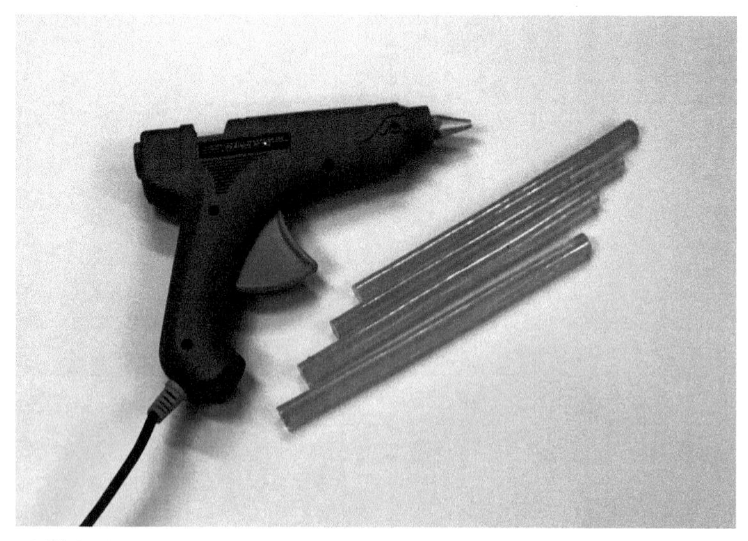

◀ 图 90 ▶

胶体适用于多种材料粘接，粘接速度快，无毒、无味，粘接强度高。胶体干燥后无明显胶痕。

5. 建筑胶

建筑胶（图 91）为灰白色膏状体。建筑胶是以丙烯酸及乙烯系单体为原料，经特殊工艺合成的单组份常温固化型胶粘剂。它适用于多种材料粗糙面的粘接，粘接强度高，干燥速度较慢，胶体干燥后有明显胶痕。

◀ 图 91 ▶

6. hart 胶

hart 胶（图 92）又称 U 胶。此胶德国产，为无色透明液状黏稠体。该胶适用范围广泛，使用简便，干燥速度快，粘接强度高。粘接点无明显胶痕，易保存，是目前较为流行的一种胶粘剂。

◀ 图 92 ▶

7.Araldite 胶

Araldite 胶（图 93）为无色透明液体，是一种双组份胶粘剂，属树脂类胶粘剂。使用时，按配比将胶体快速混合，即可使用。该胶粘剂可用于金属、塑性等不同材料的粘接，干燥速度快，粘接强度高。

◀ 图 93 ▶

8. 无影胶

无影胶（图 94）为无色透明液体。该胶粘剂是用于粘接无色透明有机板及玻璃板材

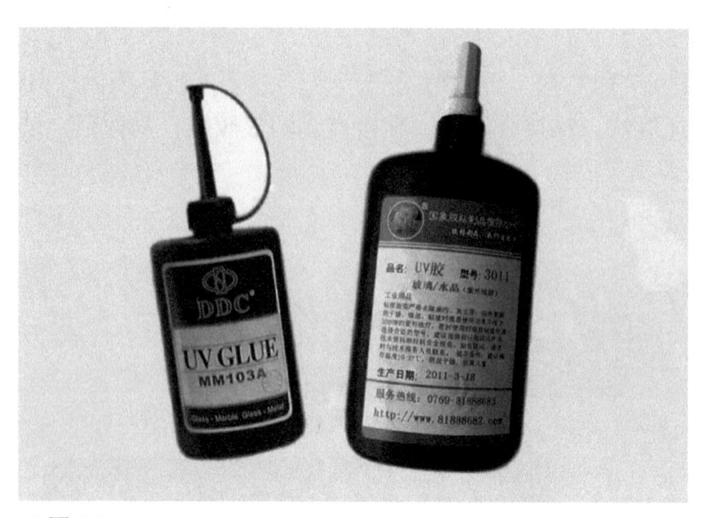


◀ 图 94 ▶

的一种专用胶粘剂。在使用时要配以紫外线灯烘烤，固化后粘接处无明显胶痕。

（三）木材类胶粘剂

木材粘接一般选用乳胶、4115 建筑胶、hart 胶作胶粘剂（图 95），具体特性已在上文介绍过了，这里不再赘述。

◀ 图 95 ▶

以上就一些常用的胶粘剂的性状、适用范围作了一些简单介绍。在建筑模型制作过程中，还会遇到一些特殊材料的粘接问题，届时大家可以根据以上介绍的胶粘剂适用范围及被粘接物的特性进行选用。

## 六、面层喷色材料

面层喷色材料是建筑模型制作仿真效果的重要材料。在建筑模型制作仿真色彩效果时，除了部分型材外，大部分仿真效果都是利用漆类作面层处理的。目前，市场上漆的种类很多，我们必须对每种漆的特性了解清楚，以便在作面层仿真色彩处理时合理地选用。

（一）自喷漆

自喷漆（图 96）为罐装类漆，罐体外部标有颜色色标。使用时无需配置喷漆设备。该类自喷漆有普通漆、金属漆、光油等。具有干燥速度快，操作简便、色彩种类较多等特点。是建筑模型制作面层仿真色彩效果的首选材料。

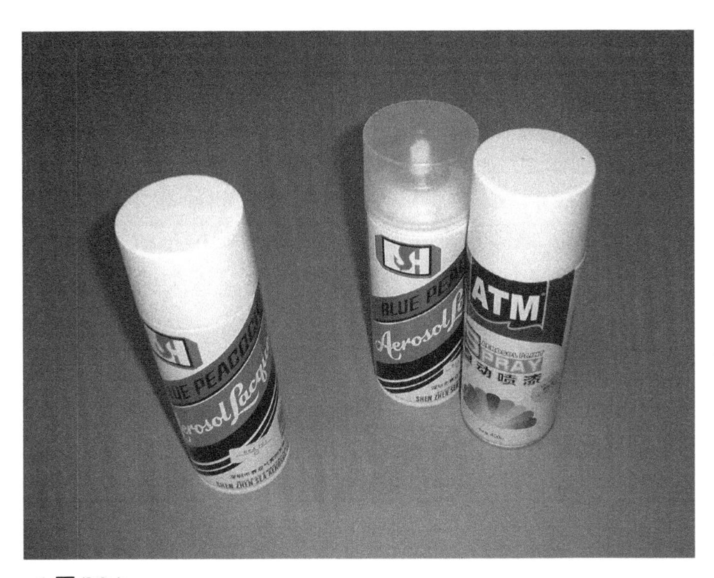

◀ 图 96 ▶

（二）醇酸调合漆

醇酸调合漆（图 97）由醇酸树脂、颜料、催干剂及有机溶剂等制成。醇酸调合漆为桶装类油漆。干燥时间：表干 h ≤ 6、实干 h ≤ 24、细度 um ≤ 40。该漆可在市场上利用电脑调色系统进行色彩的调配，大大提高了色彩选择的范围。在涂装时，采用手工刷涂、空气喷涂工艺均可。该类漆价格低，漆膜干燥速度慢，面层效果较好。

◀ 图 97 ▶

（三）硝基瓷漆

硝基瓷漆（图 98）由硝化棉、醇酸树脂、

◀ 图 98 ▶

颜料、增塑剂及有机溶剂等制成。硝基瓷漆为桶装类油漆。干燥时间：表干 min ≤ 20、实干 h ≤ 4、细度 um ≤ 20。该漆可在市场上利用电脑调色系统进行色彩的调配，大大提高了色彩选择的范围。在涂装时，以空气喷涂工艺为主。该类漆价格适中，漆膜干燥度快，面层效果好。

（四）聚酯漆

聚酯漆（图 99）由改性聚酯树脂、多异氰酸酯、固化剂、有机溶剂组成的多组分厚质漆。聚酯漆为桶装类油漆。干燥时间：表干 min ≤ 30、实干 h ≤ 24、烘干（50℃）h ≤ 6、细度 um ≤ 20。该漆可在市场上利用电脑调色系统进行色彩的调配。在涂装时，以空气喷涂工艺为主。该类漆价格较高，漆膜干燥速度比醇酸调合漆快、比硝基瓷漆慢，面层效果好。

◀ 图 99 ▶

（五）玻璃透明油漆

玻璃透明油漆（图 100 ）由色精、透明剂、硬化剂、稀释剂组成。玻璃透明油漆为桶装类油漆。使用时，根据颜色需求可相互混合，可随意调解浓度，可采用手绘或喷涂的方式操作。油漆干燥时，常温固化或烘烤均可，干燥后涂层饰面独特亮丽、晶莹剔透。是透明体造型面层色彩涂装的材料。

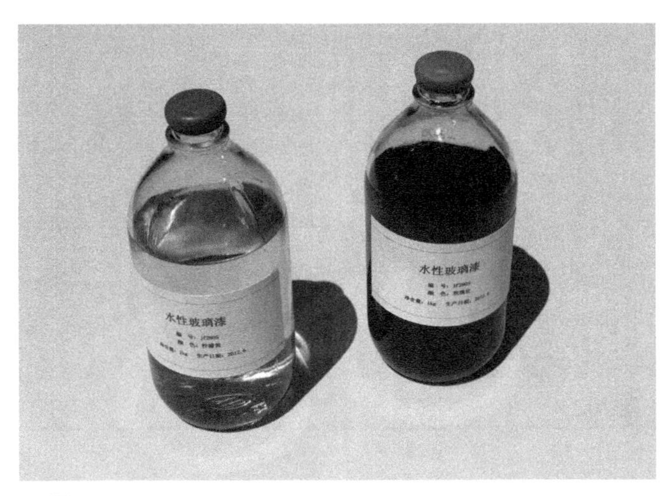


◀ 图 100 ▶

（六）模型专用漆

模型专用漆（图 101）为瓶装类面漆。此类漆在模型专业店有售，是进口产品。该类漆价格高，适用于小面积使用。使用时需配置喷笔成小型专用喷漆设备。该类漆干燥速度很快，面层效果好。

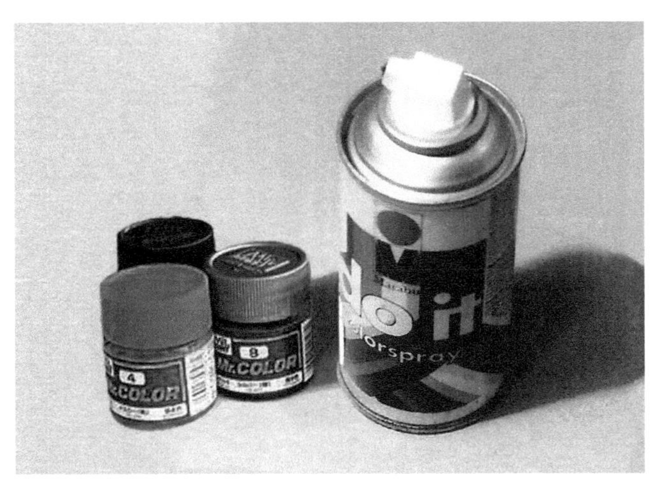


◀ 图 101 ▶

（七）丙烯颜料

丙烯颜料（图 102）是一种水性颜料。该颜料使用简便，干燥速度快，附着力强，但颜色覆盖力较差，面层效果与漆面效果一致。适用于小面积及划痕擦色时使用。

◀ 图 102 ▶

总之，面层制作材料的选择非常重要，它直接影响最终的制作效果。以上介绍的几种漆，价格、性能、使用要求各异。模型制作者在具体选择时，要根据具体制作要求、使用量、设备的配置情况等综合考虑。

# 第五章

# 建筑模型制作设计

建筑模型制作设计是建筑设计完成后，建筑模型制作前，依据建筑模型制作的内在规律及工艺加工过程，所进行的制作前期策划。

建筑模型制作设计主要是从制作角度上进行构思的。它可以分为两部分，即建筑模型主体制作设计和建筑模型配景制作设计。

## 第一节　建筑模型主体制作设计

建筑模型主体制作设计是在建筑模型制作过程中首先要考虑的一个重要环节。所谓主体制作设计，是指在宏观上控制建筑模型主体制作的全过程，根据模型用途的属性制定制作方案。现在建筑模型用途属性可归纳为三种：商业展示型、学术研究型、学生课程作业型。

商业展示型建筑模型一般是指展览会、房展会所见到的建筑模型。这类建筑模型一般是用电脑雕刻机完成平面加工制作后，手工装配完成整体制作。事无巨细，色彩很写实，这种制作较为程式化，具有很强的商业味道。

学术研究型建筑主要是用于分析设计方案、研究设计方案、展示成果。这类建筑模型有用手工加工制作，也有用电脑雕刻机完成整体加工制作。这类模型具有很强的专业性，所以无论从效果表达，还是色彩的利用上，既很概括、又很抽象。它和商业展示型建筑模型有着不同的视觉效果。

学生课程作业型建筑模型主要用于教学中学生表达建筑设计的课程作业。基本上以手工和一些基本加工机具来完成。这类建筑模型虽然工艺加工略显粗糙，但重点突出，表达手段多样化。

综上所述，在分析了三种不同类型的建筑模型特点后不难看出，不同用途属性的建筑模型制作的侧重点也不尽相同，所以，在建筑模型主体制作设计时，要根据特定的制作对象来制定制作方案。

制定建筑模型主体制作方案是建筑模型制作的关键点。建筑主体制作方案设计的如何往往决定着建筑模型制作的成败。作为初次接触建筑模型的制作者和一般建筑模型制作者往往忽略了这一环节，而是一种非理性、机械地照图制作。其实不然，在前章节已明确指出过：建筑模型制作是一种造型艺术，它所体现的是一种内容与形式相统一的美。

这种美绝不是通过机械，无序、程式化制作所能体现的。所以，在建筑模型制作前，一定要根据建筑设计进行建筑模型主体制作设计，制定出一套具体的制作方案。

建筑模型主体制作方案的制订依据是建筑设计，首先要取得建筑设计的全部图文资料。利用电脑雕刻机制作建筑模型的最好获取电子文件。一般规划类建筑模型制作应有总平面图，图纸上建筑要标有层数或高度等数据；若制作比例尺较大的建筑模型，根据制作要求需有相应的建筑立面或轴测图。对于制作大型规划类建筑模型有条件的应有效果图，便于整体控制。制作单体或群体建筑的展示类建筑模型，则要求具备总平面图，建筑单体的各层平面图、立面图、剖面图，有条件的应有相应的效果图，为模型制作者提供单体立面色彩表现及效果表达的参考依据。

在上述图文资料准备齐备后,即可进行制作方案设计。制作方案设计不同于建筑设计，它主要是在建筑设计的基础上，对建筑模型主体制作中的各环节所进行的制作前期策划。主要应从以下几个方面考虑：

## 一、总体与局部

在进行每一组建筑模型主体设计时，最主要的是把握总体关系。所谓把握总体关系，就是根据建筑设计的风格、造型等，从宏观上控制建筑模型主体制作的选材、制作工艺及制作深度等诸要素。在上述诸要素中，制作深度是一个很难掌握的要素。一般认为制作深度越深越好，其实这只是一种片面的认识。实际上制作深度没有绝对的，而是相对的，都是随其整体的主次关系、模型比例的变化而变化。只有这样，才能做到重点突出和避免程式化的制作。

在把握总体关系时，还应该结合建筑设计的局部进行综合考虑。因为，作为每一组建筑模型主体，从总体上看，它都是由若干个点、线、面进行不同的组合而形成。但从局部来看，造型上都存在着一定的个体差异性。然而，这种个体差异性，制约着建筑模型制作工艺和材料的选定。所以，在进行建筑模型主体制作设计时，一定要结合局部的个体差异性进行综合考虑。

## 二、效果表现

效果表现是在制定制作方案时首先要考虑到的一个问题。也就是说要制作的建筑模型要通过何种方式来表达何种效果，在考虑这一问题时，主要是围绕建筑主体而展开的。

建筑主体是根据设计人员的平、立面组合而形成的具有三维空间的建筑物。但有时由于方案的设计和建筑模型制作比例等因素的限制，很难达到建筑模型制作预想的最终效果表现。所以，模型制作人员在制作模型前，根据图文资料及设计人员对效果表现的要求进行建筑模型立面表现的二次设计。但这里应该指出的是：这种设计是以不改变原有建筑设计为前提。

在进行建筑立面表现设计时，首先将设计人员提供的立面图放至实际制作尺度。然后，对建筑设计的各个立面进行观察，同时，对最大立面与最小立面、最复杂立面与最简单立面进行对比观察。观察中不难发现，设计人员提供的图纸比例若大于实际制作比例时，其立面就容易产生过繁现象，这时就要考虑在具体制作时进行适当简化；反之，若设计人员提供原设计图纸比例小于实际制作比例时，其立面就容易产生过简现象，这时就要与原设计人员协商，进行适当调整，以取得最佳的制作效果。此外，在进行建筑立面表现设计时，还应充分考虑建筑设计图纸的立面所呈现的平面线条的效果，而建筑模型立面是具有凹凸变化的立体效果。在这种由平面线条效果转换为凹凸变化立体效果的加工过程中，一定要分清楚有些图形是功能性的，有些是装饰性的，在进行建筑立面表现设计与加工制作时，一定要做到内容与形式相统一。另外，还要考虑建筑模型制作尺度。在制作不同尺度的建筑模型时，制作技巧和效果表达的方法不尽相同。因为，建筑模型的加工是由相应的加工机具来完成的，在特定的情况下，建筑模型制作尺度、加工机具的精度制约着效果的表现。所以，在进行建筑主体立面设计时，一定要把模型制作尺度、制作技法、效果表达诸要素有机地结合在一起，综合考虑、设计，一定要注意这种表达要适度，最终不应破坏建筑模型的整体效果。

## 三、材料选择

材料是建筑模型制作的载体。建筑模型制作是以纸、塑、木三大类为主体制作材料，利用不同的加工工艺完成由平面转换为具有三维空间的造型。

在制定建筑模型制作方案时，合理地选择建筑模型制作材料尤为重要。在选择制作建筑模型材料时，一般是根据建筑主体的风格、造型进行选择。通常制作的建筑模型有古建类、仿古建类、现代建筑类等不同风格。由于制作的主体对象不同及各种材料的表现力度也不尽相同，所以要根据具体的制作内容进行材料的选择。

在制作古建筑模型时，一般较多地采用木质（轻木、航模板）为主体材料。用这种材料来制作古建筑模型，具有同质同构的效果。同时，从加工制作角度上来看，也有利于古建筑的表现。但这种建筑模型是利用材料自身的本色，不作后期的面层色彩处理。如果要表现色彩效果，还是选用塑性材料。

在制作现代、仿古建筑模型时，一般较多采用塑性材料，如：有机板、ABS 板、PVC 板及卡片板等。因为，这些材料质地硬而挺括，可塑性和着色性强。经过加工制作及面层处理，可以达到极高的仿真程度与效果，特别适合现代建筑、仿古建筑模型的表现。

另外，在选择建筑模型制作材料时，还要参考建筑模型制作比例、建筑尺度和建筑模型细部表现深度等诸要素进行选择。一般来说，材质密度越大材料越坚硬，越利于建筑模型的表现和细部的刻画。

总之，制作建筑模型的材料选择应根据制作对象而进行，切不可以程式化和模式化。

## 四、模型色彩

建筑模型的色彩是利用不同的材质或仿真技法来传达色彩效果。建筑模型的色彩与实体建筑色彩不同，就其表现形式而言，建筑模型色彩表达形式有两种：一种是利用建筑模型材料自身的色彩，这种表现形式体现的是一种纯朴而自然的美；另一种是利用各种涂料进行面层喷涂，产生色彩效果，这种形式体现的是一种外在的形式美。在当今的建筑模型制作中，较多地采用后一种形式进行色彩处理。

利用材料自身的色彩进行色彩表现。一般是指用木质材料制作的建筑模型，它是利用材料自有的色彩构成建筑模型的色彩，是不作面层色彩的后期处理。这种形式的色彩表现难度很大，由于使用的木质及截取面不同，特别是使用肌理明显的木质时，它的每一个断面及立面具有一定的色彩差异，同时，这些材料又应用于不同尺度的个体制作。所以，模型制作者一定要注意色彩的整体性。在进行制作设计时，一定要根据造型及各构件、各单体间的关系，合理地进行选配，从而最大限度地达到色彩的统一。

在利用各种涂料进行建筑模型色彩表现时，模型制作者一定要根据表现对象、材料的种类及所要表现的色彩效果，对色相、明度等进行制作设计。在制作设计时，首先，应特别注意色彩的整体效果。因为，建筑模型是在楹尺间反映单体或群体的全貌，每一种色彩都同时映射入观者眼中，产生综合的视觉感受，哪怕是再小的一块色彩，若处理不当，都会影响整体的色彩效果。所以，在建筑模型的色彩设计与使用时，应特别注意色彩的整体效果。

其次，建筑模型的色彩具有较强的装饰性。建筑模型就其本质而言，它是缩微后的建筑景观。它的色彩是利用各种仿真工艺进行面层加工来表现的。由于体量的变化，色彩表现的方式不同，建筑模型的色彩与实体建筑的色彩也不同。建筑模型的色彩表现所表达的是实体建筑的色彩感觉，而绝不是简单的色彩平移的关系。因而，建筑模型色彩也应随着建筑模型的缩微比例、材料的特点作相应的调整，这种调整只是在色彩明度上作一些调整。若建筑模型的色彩一味地追求实体建筑与材料的色彩，那么呈现在观者眼中的建筑模型的色彩感觉会很“脏”。

再次，建筑模型的色彩具有多变性。这种多变性是指由于建筑模型的材质不同、加工技法不同、色彩的种类与物理特性不同，同样的色彩所呈现的效果也不同。如纸、木类材料质地疏松，具有较强的吸附性，而塑料材料和金属类材料质地密而吸附性弱，用同样的方法来进行面层的色彩处理，纸、木类材料着色后，面层的色彩饱和度低，色彩无光，明度降低；塑料材料与金属类材料着色后，面层的色彩饱和度高，色彩感觉明快。这种现象的产生，就是由于材质密度不同而造成的。又如，在众多的色彩中，蓝、绿色等明度较低色彩属冷色调的色彩，红、黄色等明度较高色彩属暖色调的色彩，在作建筑模型面层色彩处理时，同样的体量，冷色调的色彩会给人视觉造成体量收缩的感觉，暖色调会给人视觉造成体量膨胀的感觉。但当这两类色彩加入不同量的白色后，膨胀和收缩的感觉也随之发生变化。这种色彩的视觉效果是由于色彩的物理特性而形成的。又如，在设计使用色彩时，通过不同色彩的组合和喷色技法的处理，色彩还可以体现不同的材料质感。通常见到的石材效果，就是利用色彩的物理特性，通过色彩的组合及喷色技法处理而产生的一种仿真程度很高的视觉效果。

总之，建筑模型色彩的多重性，既给建筑模型色彩的表现与运用提供了很大的空间；同时，它又受建筑模型制作比例、尺度、材质等因素的制约影响。所以，模型制作人员在设计制作建筑模型色彩时，一定要综合考虑上述诸要素，从而最佳地表现建筑模型的色彩。

## 第二节　建筑模型绿化制作设计

建筑模型配景制作设计是建筑模型制作设计中一个重要组成部分。它所包括的范围很广，其中最主要的是绿化制作设计。建筑模型的绿化是由色彩和形体两部分构成，但作为设计人员给定的制作图纸深度则处于方案和详细规划阶段，因此，对于绿化只是在布局及面积上有所标明。作为模型制作人员要把这种平面的设想，制作成有色彩与形体的实体环境，必须在制作前对设计人员的思路和表现意图有其较深刻的了解。同时，还要在上述了解的基础上，根据建筑模型制作的类别及内在规律，合理地进行制作设计。设计时应从以下几方面考虑：

## 一、绿化与建筑主体关系

建筑主体是设计制作建筑模型绿化的前提。在进行绿化设计制作前，首先要对建筑主体的风格、表现形式以及在图面上所占的比重有其明确的了解。因为，绿化无论采用何种表现形式和色彩，它都是紧紧围绕着建筑主体而进行的。

在设计制作大比例单体或群体建筑模型绿化时，对于绿化的表现形式要考虑尽量做得简洁些，要做到示意明确、清新有序。不要求新求异，切忌喧宾夺主，树的色彩选择要稳重，树种的形体塑造应随其建筑主体的体量、模型比例与制作深度进行刻画。

在设计制作大比例别墅模型绿化时，表现形式就可以考虑做得新颖、活泼。要给人一种温馨的感觉，塑造一种家园的氛围。树的色彩可以明快些，但一定要掌握尺度，如色彩过于明快则会产生一种漂浮感。树种的形体塑造要有变化，要做到有详有略、详略得当。

在设计制作小比例规划模型绿化时，表现形式和侧重点应放在整体感觉上。因为，作为此类建筑模型的建筑主体由于比例尺度较小，一般是用体块形式来表现，其制作深度远远低于单体展示型模型的制作深度。所以，在设计制作此类建筑模型绿化时，主要将行道树与组团、集中绿地区分开。作为房间绿化应简化，如果过于刻画，则会产生空间的拥塞感。在选择色彩时，行道树的色彩可以比绿地的基色深或浅，要与绿地基色形成一定的反差。这样处理，才能通过行道树的排列，把路网明显地镶嵌出来。作为集中绿地、组团绿地，除了表现形式与行道树不同外，色彩上也应有一定的反差。这样表现能使绿化具有一定的层次感。

在设计制作园林规划模型绿化时，要特别强调园林的特点。因为，在若干类型的建筑模型中，只有园林规划模型的绿化占有较大的比重，同时还要表现若干种布局及树种。因此，园林规划模型的绿化有其较大的难度。在设计此类模型绿化时，一定要把握总体感觉，要根据真实环境设计绿化。而在具体表现时，一定要采取繁简对比的手法表现，重点刻画中心部位，简化次要部分。切忌机械地、无变化地堆积和过分细腻地追求表现。另外，绿化还要注意与建筑主体的关系。在制作园林绿化时，树与主体建筑要错落有序，要特别注意尺度感。同时，还要相互掩映，使绿化与主体建筑自然地融为一体，真正体现园林绿化的特点。

## 二、绿化中树木形体的塑造

自然界中的树木千姿百态。但作为建筑模型中的树木，不可能也绝对不能如实地描绘，必须进行概括和艺术加工。

在设计塑造树种的形体时，一定要本着源于自然界、高于自然界去进行。源于自然界，是因为自然界中的各种树木在人们的视觉中已形成了一种定式，而这种定式又将影响着人们对建筑模型中树木表现的认知。但源于自然界绝不意味着机械地模仿。因为，建筑模型是经过缩微和艺术化的造型体，同时，它又是用不同的材质来表现物体的原形。所以，在对树形塑造时，必须在依据各自原形的基础上，加以概括地表现。

以上所涉及的只是在树种形体塑造时总的原则。在具体设计制作时，还要考虑建筑模型的比例、绿化面积及布局等因素的影响。

（一）建筑模型比例的影响

在设计制作各种树木时，建筑模型的比例直接制约着树木的表现。树木形体刻画的深度随着建筑模型的比例变化而变化。一般来说，在制作1:500 ~ 1:2000比例的建筑模型时，由于比例尺度较小，制作此类模型的树木应着重刻画整体效果，而绝不能追求树的单体塑造。如过分追求树木的造型，一方面会破坏绿化与建筑主体的主次关系；另一方面往往会使人感到很匠气。在制作1:300以上比例的建筑模型时，由于比例尺度的改变，必须着重刻画树的个体造型。但同时还要注意个体、群体、建筑物三者间的关系。

（二）绿化面积及布局的影响

在设计制作建筑模型的绿化时，应根据绿化面积及总体布局来塑造树的形体。

在设计制作同比例而不同面积及布局的建筑模型绿化时，对于各种树木形体的塑造要求不尽相同。在设计制作行道树时，一般要求树的大小、形体基本一致，树冠部要饱满些，排列要整齐划一。这种表现形式体现的是一种外在的秩序美。在制作组团绿化时，树木形体的塑造一定要结合绿化的面积来考虑。排列时疏密要得当，高低要有节奏感。同时，还要注意绿化的布局，若组团绿地是对称形分布，设计制作绿化时，一定不要破坏它的对称关系，但还要在对称中求变化。若组团绿地分布于盘面的多个部位，则要注意各组团间的关系，使之成为一个有机的整体。在设计制作大面积绿化时，要特别注意树木形体的塑造和变化。因为，通过改变树木的形体，可以消除由于绿化面积大而带来的视觉感的贫乏，使绿化更具吸引力。另外，要把握由若干形体各异树木所组成绿化群体的整体性。因为，这种大面积绿化形式，给人的视觉感是一种和谐的自然景观，它所体现的是一种自然、多变、有序的美。

总之，建筑模型中绿化树木的形体塑造与绿化面积、布局三者间有着密不可分的关系，三者间相互作用、相互影响。在设计和制作绿化时，要正确处理好三者间的关系。

## 三、绿化树木的色彩

树木的色彩是绿化构成的另一个要素。自然界中的树木色彩通过阳光的照射，自身形体的变化、物体的折射和周围环境的影响产生出微妙的色彩变化。但在设计建筑模型树木色彩时，由于受模型比例、表现形式和材料等因素的制约，不可能如实地描绘自然界中树木丰富而微妙的色彩变化，只能根据建筑模型制作的特定条件，来设计描绘树木的色彩。

在设计处理建筑模型绿化树木色彩时，应着重考虑如下关系：

（一）色彩与建筑主体关系

在处理不同类别的建筑模型绿化色彩时，应充分考虑色彩与建筑主体的关系。因为，任何色彩的设定，都应随其建筑主体的变化而变化。如在表现大比例单体模型绿化时，色彩要追求稳重，变化要简洁，并富有装饰性。稳重的色彩，一方面可以加强与建筑主体色彩的对比，使建筑主体的色彩更加突出；另一方面，它可以加强地面的稳重感。单体建筑主体一般体量较大、空间形体变化较丰富，相对而言，地面绿化必须配较稳重的色彩，这样才能使模型整体产生一种平衡感。另外，单体建筑模型绿化的色彩变化应简洁，主要将示意功能表现出来即可。同时，色彩不要太写实，要富有一定的装饰性。如色彩变化过多、太写实，将破坏盘面的整体感和艺术性。

在表现群体建筑模型绿化，特别是小比例的规划模型绿化时，色彩的表现要特别注意整体感和对比关系。因为，这类模型由于比例关系，建筑主体较多地表现体量而无细部。同时，绿化与建筑主体在平面所占比重基本相等，有时绿化还大于建筑主体所占的面积。所以，在表现这类模型绿化时，要特别注意色彩的整体感和对比性。一般这类模型的建筑色彩较多地采用浅色调，而绿化色彩采用深色调，两者形成一定的对比关系，从而突出了建筑主体的表现，增强了整体效果。

（二）色彩自身变化与对比关系

在设计绿化色彩时，除了要考虑与建筑主体的关系，还要考虑绿化自身色彩的变化与对比。

这种色彩的变化与对比，原则上是依据绿化的总体布局和面积的大小而变化。在树木排列集中和面积较大时，应强调色彩的变化，通过色彩的变化增强绿化整体的节奏感和韵律感。反之，则应减弱色彩的变化。这里应该强调指出的是，这种色彩变化不是单纯的色彩明度变化，一定要注意通过色彩变化形成层次感和对比关系。所谓层次感，就好比绘画中的素描关系，整体中有变化，变化中求和谐。所谓对比关系，就是在设计绿化色彩时，最亮的色块与最暗的色块有一定对比度。如果绿化整体色彩过暗且缺少色彩间的对比，其结果则会给人一种沉闷感。如果色彩过分强调对比，则容易产生斑状色块，破坏绿化的整体效果。

总之，在设计绿化色彩时，应合理地运用色彩的变化与对比关系。

（三）色彩与建筑设计的关系

建筑模型绿化的色彩原则是依据建筑设计而进行构思。因为，建筑模型绿化的色彩是建筑模型整体构成的要素之一。同时，它又是绿化布局、边界、中心、区域示意的强化和补充。所以，建筑模型绿化的色彩要紧紧围绕其内容进行设计和表现。

在进行具体的色彩设计时，首先，要确定总体基调。总体基调一般要考虑建筑模型类型、比例、盘面面积和绿化面积等因素。其次，要确定色彩表现的主次关系。色彩表现的主次关系一般是和建筑设计相一致。中心部位的色彩一定要精心策划，次要部位要简化处理。在同一盘面内，不要产生多中心或平均使用力量的方式进行色彩表现。再次，注意区域色彩效果。在上述色彩表现原则的基础上，注意局部色彩的变化。局部色彩处理得好坏，将直接影响绿化的层次感和整体效果。

总之，绿化的色彩与表现形式、技法存在着多样性与多变性。在建筑模型设计制作时，要合理地运用这些多样性和多变性，丰富建筑模型的制作，完善对建筑设计的表达。

## 第三节　建筑模型配景制作设计

配景主要是指建筑主体与绿化以外的部分，如水面、汽车、围栏、路灯、建筑小品等，这部分制作内容是由造型与色彩构成。在设计配景制作时，除了要准确理解建筑设计思路和表现意图外，还要参考建筑主体及绿化的表现形式而进行构思。在由平面向立体转化的过程中，要准确掌握配景物的造型、体量、色彩等要素，要根据建筑模型制作的比例加以概括，准确地把握与建筑主体、绿化的主次关系。同时，还应注意到这些配景与建筑主体、绿化既存在着主次关系，又存在着互补关系。这种互补关系有造型的，也有色彩的。如在处理停车场的效果表现时，在相应的位置上摆放几辆不同色彩的汽车，一方面更加明确示意其功能性；另一方面通过车辆的造型与色彩来加强建筑模型的整体效果。

总之，在设计配景制作时，模型制作者要有丰富的想像力和概括力，正确处理各构成要素之间的关系。通过理性的思维与艺术的表达，将平面的建筑设计转换为建筑模型的实体环境。

# 第六章

# 建筑模型制作基本技法

建筑模型的制作是一个利用工具改变材料形态，通过粘接、组合产生出新的物质形态的过程。这一过程包含着很多基本技法，作为广大模型制作人员只要掌握了这些最简单、最基本的要领与方法，即使制作造型复杂的建筑模型，也只不过是那些最简单、最基本的操作过程的累加而已。

## 第一节　聚苯乙烯模型制作基本技法

用聚苯乙烯材料制作建筑模型（图 103）是一种简便易行的制作方法。主要用于建筑构成模型、工作模型和方案模型的制作。基本制作步骤为画线、切割、粘接、组合。

在制作此类模型时，模型制作人员首先要根据材料的特性做好加工制作的准备工作。准备工作可分为两部分，即材料准备和制作工具准备。

在进行材料准备时，要根据被制作物的体量及加工制作中的损耗，准备一定量的材料毛坯。

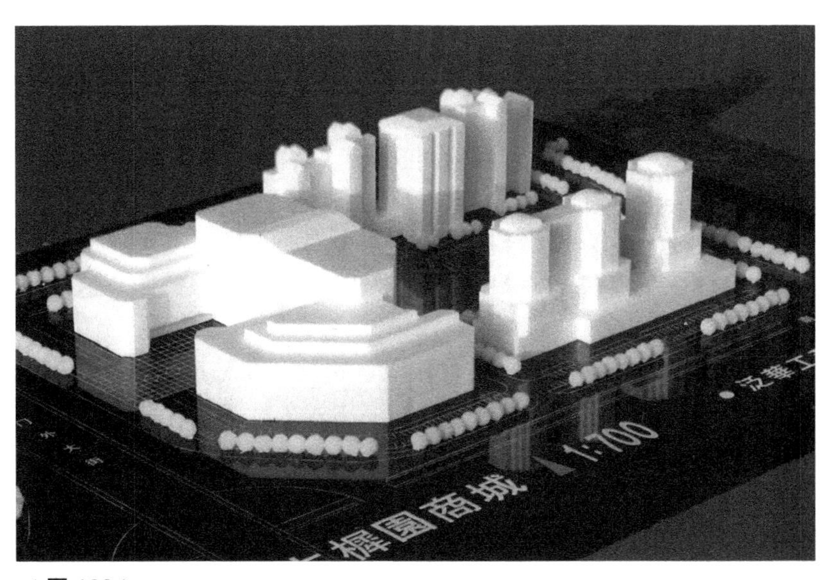


◀ 图 103 ▶

在进行制作工具准备时，主要是选择一些画线和切割工具。此类材料，一般采用刻写钢板的铁笔作为画线工具。切割工具则采用自制的电热切割器及推拉刀。

在准备工作完毕后，要对自己所使用的电热切割器进行检查并调试。首先，用直角尺测量电热丝是否与切割器工作台垂直，然后通电，并根据所要切割的体块大小，用电压来调整电热丝的热度（电压越高热度越大）。一般电热丝的热度调整到使切割缝隙越小越好。因为这样才能控制被切割物体平面的光洁度与精度。

在进行体块切割时，为了保证切割面平整，除了要调整电压、控制电热丝温度外，被切割物在切割时要保持匀速推进（图 104）。中途不要停顿，否则将影响表面的平整。

◀ 图 104 ▶

在切割方形体块时，一般是先将材料毛坯切割出 90° 直角的两个标准平面，然后利用这两个标准平面，通过横纵位移进行各种方形体块的切割。在进行体块切割时，为了保证体块尺寸的准确度，画线与切割时，一定要把电热丝的热熔量计算在内。

在切割异形体块时，要特别注意两手间的相互配合。一般一只手用于定位，另一只手推进切割物体运行。这样才能保证被切割物切面光洁、线条流畅。

在切割较小体块时，可以利用推拉刀或刻刀来完成。用刀类切割小体块时，一定要注意刀片要与切割工作台面保持垂直，刀刃与被切割物平面呈 45° 角，这样切割才能保证被切割面的平整光洁。

在所有体块切割完毕后，便可以进行粘接、组装。在粘接时，常用乳胶作胶粘剂。但由于乳胶干燥较慢，所以在粘接过程中，还需用大头针进行扦插，辅以定型。待通风干燥后进行适当修整，便可完成其制作工作。

此外，在利用此种材料制作建筑模型时，除了用电热切割的方法进行造型外，还可以利用该材料溶于烯料的特性，采用喷刷手段进行多种造型。

总之，待熟练掌握制作基本技法和材料的特性后，将会给聚苯乙烯材料制作建筑模型带来巨大的表现力和超乎想象的视觉效果。

## 第二节　纸板模型制作基本技法

利用纸板制作建筑模型（图 105）是最简便且较为理想的方法之一。纸板模型分为薄纸板和厚纸板两大类。下面分别阐述这两种纸板模型制作的基本技法。

◀ 图 105 ▶

### 一、薄纸板模型制作基本技法

用薄纸板制作建筑模型是一种较为简便快捷的制作方法，主要用于工作模型和方案模型的制作。基本技法可分为画线、剪裁、折叠和粘接等步骤。

在制作薄纸板建筑模型时，制作人员首先要根据模型类别和建筑主体的体量合理地进行选材。一般此类模型所用的纸板厚度在 0.5 mm 以下。

在制作材料选定后，便可以进行画线。薄纸板模型画线是较为复杂的。画线时，一方面要对建筑物体的平立面图进行严密的剖析，合理地按物体构成原理分解成若干个面；另一方面，为了简化粘接过程，还要将分解后的若干个面按折叠关系进行组合，并描绘在制作板材上。

在制作薄纸板单体工作模型时，可以将建筑设计的平立面直接裱于制作板材上。具体做法是：先将薄纸板空裱于图板上，然后将绘有建筑物的平立面图喷湿，待数秒钟后，均匀地刷上经过稀释的糨糊或胶水并将图纸平裱于薄纸板（图 106）。待充分干燥后，便可进行剪裁。

剪裁时，可以直接按事先画好的切割线进行剪裁（图 107）。在剪裁接口处时，要留有一定的粘接量。在剪裁裱有设计图纸的工作模型墙面时，建筑物立面一般不作开窗处理。

◀ 图 106 ▶

◀ 图 107 ▶

剪裁后，便可以按照建筑的构成关系，通过折叠进行粘接组合。折叠时，面与面的折角处要用手术刀将折线划裂，以便在折叠时保持折线的挺直。

在粘接时，模型制作人员要根据具体情况选择和使用胶粘剂。在做接缝、接口粘接时，应选用乳胶或胶水作胶粘剂，使用时要注意胶粘剂的用量，若胶液使用过多，将会影响接口和接缝的整洁。在进行大面积平面粘接时，应选用喷胶作胶粘剂。喷胶属非水质胶液，它不会在粘接过程中引起粘接面的变形。

在用薄纸板制作模型时，还可以根据纸的特性，利用不同的手段来丰富纸模型的表现效果。如利用"折皱"便可以使载体形成许多不规则的凹凸面，从而产生其各种肌理。通过色彩的喷涂也可使形体的表层产生不同的质感。

总之，通过对纸板特性的合理运用和对制作基本技法的掌握，可以使薄纸板建筑模型的制作更加简化、效果更加多样化。

## 二、厚纸板模型制作基本技法

用厚纸板制作建筑模型是现在比较流行的一种制作方法。主要用于展示类模型的制作。基本技法可分为选材、画线、切割、粘接等步骤。

选材是制作此类模型不可缺少的一项工作。一般现在市场上出售的厚纸板有单面带色板，色彩种类较多。这种纸板给模型制作带来了极大的方便，可以根据模型制作要求选择到不同色彩及肌理的基本材料。

在材料选定后，便可以根据图纸进行分解。把建筑物的平立面根据色彩的不同和制作形体的不同分解成若干个面，并把这些面分别画于不同的纸板上。

画线时，模型制作人员一定要注意尺寸的准确性，尽量减少制作过程中的累计误差。同时，画线时要注意工具的选择和使用的方法。一般画线时使用的是铁笔或铅笔，若使用铅笔，要采用硬铅（H、2H）轻画来绘制图形，其目的是为了保证切割后刀口与面层的整洁。

在具体绘制图形时，首先要在板材上找出一个直角边，然后利用这个直角边，通过位移来绘制需要制作的各个面。这样绘制图形既准确快捷，又能保证组合时面与面、边与边的水平与垂直。

画线工作完成后，模型制作人员便可以进行切割。切割时，一般在被切割物的下边垫上切割垫（市场上有售）（图 108），同时切割台面要保持平整，防止在切割时跑刀。切割顺序一般是由上至下、由左到右。沿这个顺序切割，不容易损坏已切割完的物件和已绘制完未被切割的图形。

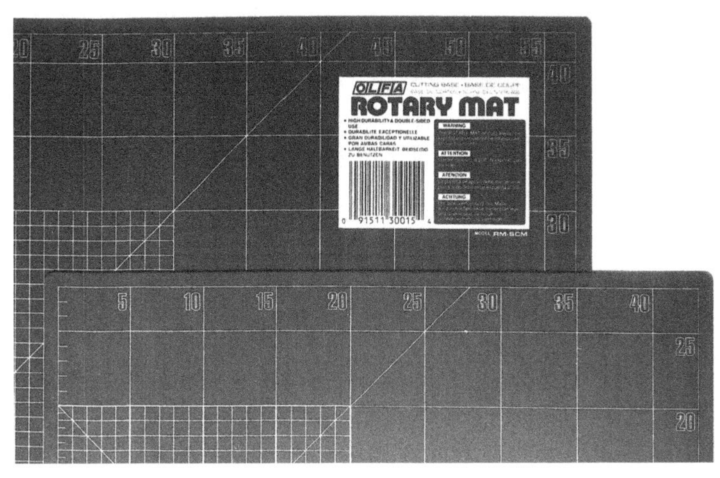


◀ 图 108 ▶

进行厚纸板切割是一项难度比较大的工序。由于被切割纸板厚度在 1mm 以上，切割时很难一刀将纸板切透，所以一般要进行重复切割。重复切割时，一方面要注意入刀角度要一致，防止切口出现梯面或斜面；另一方面要注意切割力度，要由轻到重，逐步加力。如果力度掌握不好，切割过程中很容易跑刀。

在切割立面开窗时，不要一个窗口一个窗口切，要按窗口横纵顺序依次完成切割。这样才能使立面的开窗效果整齐划一。

待整体切割完成后，即可进行粘接处理。一般粘接有三种形式：面对面、边对面、边对边。

面对面粘接主要是各体块之间组合时采用的一种粘接方式。在进行这种形式的粘接时，要注意被粘接面的平整度，确保粘接缝隙的严密。

边对面粘接主要是立面间、平立面间组合时采用的一种粘接形式。在进行这种形式的粘接时，由于接口接触面较小，所以一定要确保接口的严密性。同时还要根据粘接面的具体情况考虑进行内加固（图 109）。

边与边粘接主要是面间组合时采用的一种粘接形式。在进行这种形式粘接时，必须将两个粘接面的接口，按粘接角度切成斜面，然后再进行粘接。在切割对接口时，一定要注意斜面要平直，角度要合适。这样才能保证接口的强度与美观。如果粘接口较长、接触面较小，同样也可根据具体情况考虑进行内加固。

总之，接口无论采用何种形式对接，在接口切割完成后，便可以进行粘接了。在粘

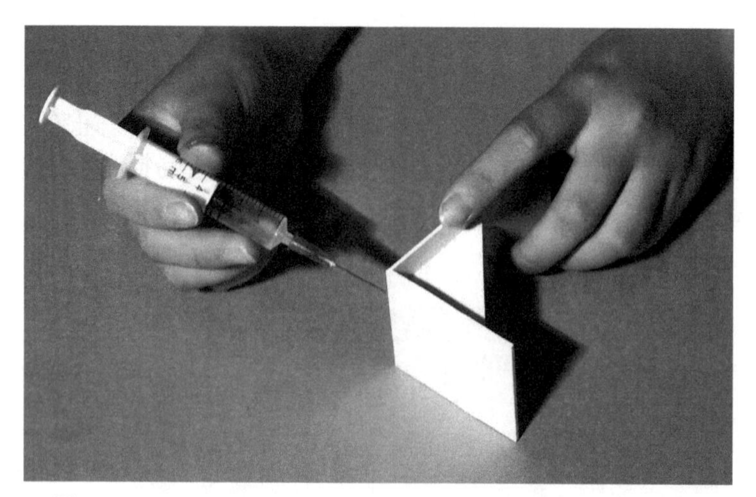

◀ 图 109 ▶

接过程中，一定要考虑到这样几个问题：一是面与面之间关系，也就是说先粘哪面后粘哪面。二是如何增强接缝强度和哪些节点需要增加强度。三是如何保持模型表层完成后的整洁。

在粘接厚纸板时，一般采用白乳胶作为胶粘剂。在具体粘接过程中，一般先在接缝内口进行点粘。由于白乳胶自然干燥速度慢，可以利用吹风机烘烤，提高干燥速度。待胶液干燥后，检查一下接缝是否合乎要求，如达到制作要求即可在接缝处进行灌胶，如感觉接缝强度不够时，要在不影响视觉效果的情况下进行内加固。

在粘接组合过程中，由于建筑物是由若干个面组成，即使切割再准确也存在着累计误差。所以操作中要随时调整建筑体量的制作尺寸，随时观察面与面、边与边、边与面的相互关系，确保模型造型与尺度。

另外，在粘接程序上应注意先制作建筑物的主体部分，其他部分如：踏步、阳台、围栏、雨篷、廊柱等暂先不考虑，因为这些构件极易在制作过程中被碰损，所以只能在建筑主体部分组装成型后，再进行此类构件的组装。

在全部制作程序完成后，还要对模型作最后的修整。即清除表层污物及胶痕，对破损的纸面添补色彩等，同时还要根据图纸进行各方面的核定。

总之，用纸板制作建筑模型，无论是制作工艺，还是制作方法都较为复杂。但只要掌握了制作的基本技法，就能解决今后实际制作中出现的各种问题，从而使模型制作向着理性化、专业化的方向发展。

## 第三节　木质模型制作基本技法

用木质材料（一般指航模板）制作建筑模型（图 110）是一种独特的制作方法。它一般是用材料自身所具有的纹理、质感来表现建筑模型，那古朴、自然的视觉效果是其他材料所不能比拟的。它主要用于古建筑和仿古建筑模型制作。基本制作技法可分为选材、

◀ 图 110 ▶

材料拼接、画线、切割、打磨、粘接、组合等步骤。

木制模型最主要的是选材问题。因为用木板制作建筑模型，主要是利用材料自身的纹理和色彩，表层不作后期处理，所以选材问题就显得格外重要。

一般选材时应考虑如下因素：

## 一、木材纹理规整性

在选择木材时，一定选择木材纹理清晰、疏密一致、色彩相同、厚度规范的板材作为制作的基本材料。

## 二、木材强度

在制作木质模型时，一般采用航模板。板材厚度是 0.8 ~ 2.5 mm，由于板材很薄，再加之有的木质密度不够，所以强度很低，在切割和稍加弯曲时，就会产生劈裂。因此，在选材，特别是选择薄板材时，要选择一些木质密度大、强度高的板材作为制作的基本材料。

在选材时，还可能遇到板材宽度不能满足制作尺寸的情况。遇到这种情况，就要通过木板拼接来满足制作需要。木板材拼接一般是选择一些纹理相近、色彩一致的板材进行拼接，方法有如下几种：

（一）对接法

对接法（图 111）是一种板材拼接常用方法。它首先要将拼接木板的接口进行打磨处理，使其缝隙严密。然后，刷上乳胶进行对接。对接时略加力，将拼接板进行搓挤，使其接口内的夹胶溢出接缝。然后将其放置于通风处干燥。

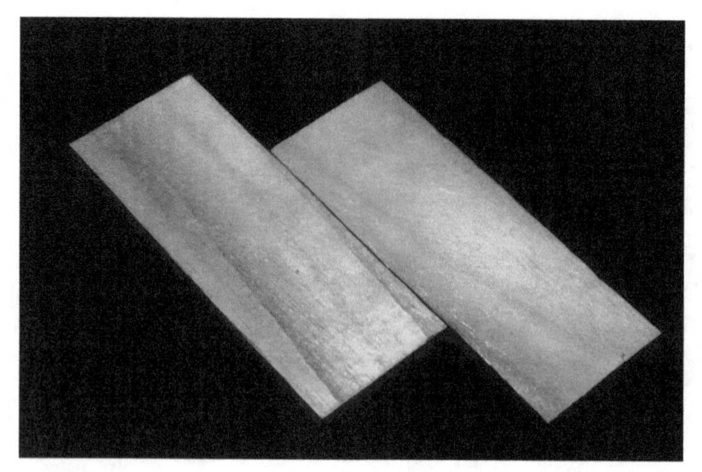

◀ 图 111 ▶

（二）搭接法

搭接法（图 112）主要用于厚木板材的拼接。在拼接时，首先要把拼接板接口切成子母口。然后，在接口处刷上乳胶并进行挤压，将多余的胶液挤出，经认定接缝严密后，放置于通风处干燥。

◀ 图 112 ▶

（三）斜面拼接法

斜面拼接法（图 113）主要用于薄木板的拼接。拼接时，先用细木工刨将板材拼接口刨成斜面，斜面大小视其板材厚度而定。板材越薄，斜面则应越大。反之，板材越厚，斜面越小。接口刨好后，便可以刷胶、拼接。拼接后检查是否有错缝现象，若粘接无误，将其放置于通风处干燥。

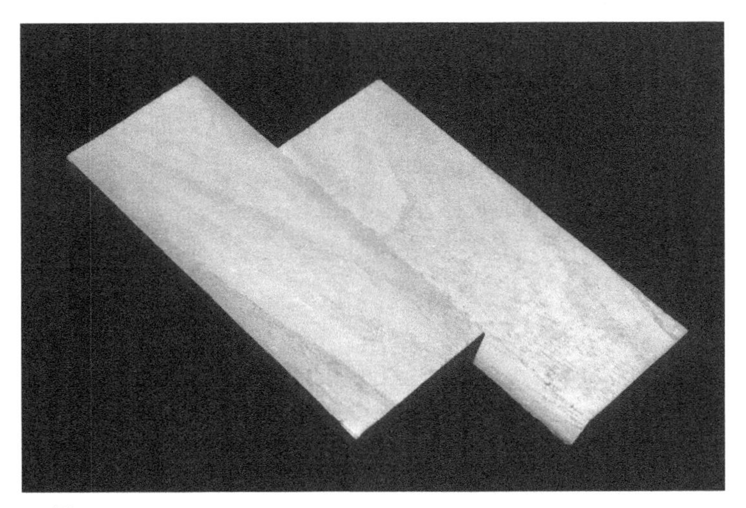

◀ 图 113 ▶

在上述材料准备完成后，便可进行画线。

画线时，可以在选定的板材上直接画线。画线采用的工具和方法可以参见厚纸板模型的画线工具和方法。同时，此材料还可以利用设计图纸装裱来替代手工绘制图形。其具体做法是，先将设计图的图纸分解成若干个制作面，然后将分解的图纸用稀释后的胶水或糨糊（不要用白乳胶或喷胶）依次裱于制作板材上，待干燥后便可以进行切割。切割后，板材上的图纸用水闷湿即可揭下。此外，这里还应特别指出的是，无论采用何种方法绘制图形，都要考虑木板材纹理的搭配，确保模型制作的整体效果。

画线完成后，便可以进行板材的切割。在进行木板材切割时，较厚的板材一般选用锯进行切割；薄板材一般选用刀进行切割。在选择刀具时，一般选用刀刃较薄且锋利的刀具。因为刀刃越薄、越锋利，切割时刀口处板材受挤压的力越小，从而减少板材的劈裂现象。

此外，在木板切割过程中，除了要选用好刀具，还要掌握正确的切割方法。用刀具切割时，第一刀用力要适当，先把表层组织破坏，然后用逐渐加力分多刀切断。这样切割，即使切口处有些不整齐，也只是下部有缺损，而绝不会影响表层的效果。

在部件切割完成后，按制作木模型的程序，应对所有部件进行打磨。打磨是组合成型前的最重要环节。

在打磨时，一般选用细砂纸来进行。具体操作应注意以下三点：一要顺其纹理进行打磨；二要依次打磨，不要反复推拉；三要打磨平整，表层有细微的毛绒感。

在打磨大面时，应将砂纸裹在一个方木块上进行打磨。这样打磨接触面受力均匀，打磨效果一致。在打磨小面时，可将若干个小面背后贴好定位胶带，分别贴于工作台面，组成一个大面打磨。这样可以避免因打磨方法不正确而引起的平面变形。

打磨完毕后，即可进行组装。在组装粘接时，一般选用白乳胶和德国生产的 hart 胶作胶粘剂 。切忌使用 502 胶进行粘接，因为 502 胶是液状，黏稠度低，它在干燥前可顺木材的空隙渗入木质中，待胶液干燥后，木材表面会留下明显的胶痕，这种胶痕是无法清除掉的。而白乳胶和德国生产的 hart 胶粘剂胶液黏稠度大，不会渗入木质内部，从而保证粘接缝隙整洁美观。

在粘接组装过程中，采用的粘接形式可参照厚纸板模型的粘接形式，即面对面、边对面、边对边三种形式。同时在具体粘接组装时，还可以根据制作需要，在不影响其外观的情况下，使用木钉、螺钉共同进行组装。

在组装完毕后，还要对成型的整体外观进行修整。

综上所述，木质模型的制作基本技法与厚纸板模型的制作基本技法有较多共性。在一定程度上，可以相互借鉴，互为补充。

## 第四节　有机玻璃板及 ABS 板模型制作基本技法

有机玻璃板及 ABS 板同属于有机高分子合成塑料。这两种材料有较大的共同点，所以本节一并介绍其制作基本技法（图 114）。

◀ 图 114 ▶

有机玻璃板及 ABS 板是具有强度高、韧性好、可塑性强等特点的建筑模型制作材料。它主要用于展示类建筑模型的制作。该材料制作基本技法可分为选材、画线、切割、打磨、粘接、上色等步骤。

此类建筑模型的制作，首先进行的也是选材。现在市场上出售的有机玻璃板及 ABS 板规格不一，其厚度为 0.5 ~ 10 mm，或者更厚。但用来制作建筑模型板材厚度的有机玻璃板一般为 1 ~ 5 mm，ABS 板一般为 0.5 ~ 5 mm。在挑选板材时，一定要观看规格和质量标准。因为，目前国内生产的薄板材，由于加工工艺和技术等因素影响，厚度明显不均，因此在选材时要合理地进行搭配。另外，在选材时还应注意板材在储运过程中，材料的表面很可能受到不同程度的损伤。往往模型制作人员认为板材加工后还要打磨、上色，有点损伤并无大问题。其实不然，若损伤较严重，即使打磨、喷色后损伤处仍明显留存于表面，后悔晚矣。所以，在选材时应特别注意板材表面的情况。

在选材时，除了要考虑上述材料自身因素，还要考虑后期制作工序。若无特殊技法表现，一般选用白色板材进行制作。因为白色板材便于画线，同时也便于后期上色处理。

材料选定后，就可以进行画线放样。画线放样即根据设计图纸和加工制作要求将建筑的平立面分解并移置在制作板材上。在有机玻璃板及 ABS 板上画线放样有两种方法：其一是利用图纸粘贴替代手工绘制图形的方法，具体操作可参见木质模型的画线方法。其二是测量画线放样法，即按照设计图纸在板材上重新绘制制作图形。

在有机玻璃板及 ABS 板上绘制图形，画线工具一般选用圆珠笔和游标卡尺。

用圆珠笔画线时，要先用酒精将板材上面的油污擦干净，用旧细砂纸轻微打磨一下，将表面的光洁度降低，这样能增强画线的流畅性。

用游标卡尺画线时，同样先用酒精将板材上面的油污擦干净，但不用砂纸打磨即可画线。用游标卡尺画线，可即量即画，方便、快捷、准确。画线时，游标卡尺用力要适度，只要在表层留下轻微划痕即可。待线段画完后，可用手沾些灰尘、铅粉或颜色，在划痕上轻轻揉搓，此时图形便清晰地显现出来。

放样完毕后，便可以分别对各个建筑立面进行加工制作。其加工制作的步骤，一般是先进行墙线部分的制作，其次进行开窗部分的制作，最后进行平立面的切割。

在制作墙线部分时，一般是用勾刀做划痕来进行表现的。在用勾刀进行墙线勾勒时，一方面要注意走线的准确性；另一方面要注意下刀力度均匀，勾线深浅要一致。

墙线部分制作完成后，便可以进行开窗部分的加工制作。这部分的制作方法应视其材料而定。

制作材料是 ABS 板，且厚度在 0.5 ~ 1mm 时，一般用推拉刀或手术刀直接切割即可成型。

制作材料是有机玻璃板或板材厚度在 1mm 以上的 ABS 板时，一般是用曲线锯进行加工制作。具体操作方法是先用手摇钻或电钻在有机玻璃板将要挖掉的部分钻上一个小孔，将锯条穿进孔内，上好锯条便可以按线进行切割。如果使用 1mm 板材加工时，为了保险起见，可以用透明胶纸或及时贴贴在加工板材背面，从而加大板材的韧性，防止切割破损。

待所有开窗等部位切割完毕后，还要用锉刀进行统一修整。修整时要细心，并且要有耐心。

修整后，便可以进行各面的最后切割。即把多余部分切掉，使之成为图纸所表现的墙面形状。此道工序除了用曲线锯来进行切割外，还可以用勾刀来进行切割。用勾刀进行切割时，一般是按图样留线进行勾勒。也就是说，勾下的部件上应保留图样的画线。因为勾刀勾勒后的切口是 V 形，勾下后的部件，还需要打磨方能使用。所以在切割时应留线勾勒，以确保打磨后部件尺寸的准确无误。

待切割程序全部完成后，要用酒精将各部件上的残留线清洗干净，若表面清洗后还有痕迹，可用砂纸打磨。

打磨后，便可以进行粘接、组合。有机玻璃板和 ABS 板的粘接和组合是一道较复杂的工序。在这类模型的粘接、组合过程中，一般是按由下而上，由内向外的程序进行。对于粘接形式无需过多考虑，因为此类模型在成型后还要进行色彩处理。

在具体操作时，首先选择一块比建筑物基底大、表面平整而光滑的材料作为粘接的工作台面，一般选用5mm厚的玻璃板为宜。其次在被粘接物背后用深色纸或布进行遮挡，这样便可以增强与被粘接物的色彩对比，有利于观察。

上述准备工作完毕后，便可以开始粘接、组合。粘接有机玻璃板和ABS板，一般选用502胶和三氯甲烷作胶粘剂。在初次粘接时，不要一次将胶粘剂灌入接缝中，应先采用点粘进行定位。定位后要进行观察，观察时一方面要看接缝是否严密、完好；另一方要看被粘接面与其他构件间的关系是否准确，必要时可用量具进行测量。在认定接缝无误后，再用胶液灌入接缝，完成粘接。在使用502胶作粘接材料时，应注意在粘接后不要马上打磨、喷色，因为502胶不可能在较短的时间内做到完全挥发，若马上打磨喷色，很容易引起粘接处未完全挥发的成分与喷漆产生化学反应，使接缝产生凹凸不平感，影响其效果。在使用三氯甲烷做胶粘剂时，虽说不会产生上述情况。但三氯甲烷属有机溶剂，在粘接时，若一次使用太多量的三氯甲烷，极易把接缝处板材溶解成黏糊状，干燥后引起接缝处变形。总之，在使用上述两种胶粘剂进行各种形式的粘接时，都应该本着“少量多次”的原则进行。

当模型粘接成型后，还要对整体进行一次打磨。打磨重点是接缝处及建筑物檐口等部位。这里应该注意的是，此次打磨应在胶液充分干燥后进行。一般使用502胶进行粘接时，需干燥1h以上；用三氯甲烷进行粘接时，需干燥2h以上，才能进行打磨。

打磨一般分两遍进行。第一遍采用锉刀打磨。在打磨缝口时，最常用的是20.32 ~ 25.4 cm（8 ~ 10in）中细度板锉。在使用锉刀时要特别注意打磨方法。一般在打磨中，锉刀是单向用力，即向前锉时用力，回程时抬起，而且还要注意打磨力度要一致。这样才能保证所打磨的缝口平直。第二遍打磨可用细砂纸进行。主要是将第一遍打磨后的锉痕打磨平整。

在全部打磨程序完成后，要对已打磨过的各个部位进行检验。在检验时，一般是用手摸、眼观。手摸是利用感觉检查打磨面是否平整光滑，眼观是利用视觉来检查打磨面。在眼观时，打磨面与视线应形成一定角度，避免反光对视觉的影响，从而准确地检查打磨面的光洁度。

在检验后，有些缝口若有负偏差时，则需做进一步加工。其方法有二：

（1）选择与材料相同的粉末，堆积于需要修补处，然后用三氯甲烷将粉末溶解，并用刻刀轻微挤压，挤压后放置于通风处干燥。干燥时间越长越好，待胶液完全挥发后再进行打磨。

（2）用石膏粉或浓稠的白广告色加白色自喷漆进行搅拌，使之成为糊状，然后用刻刀在需要修补处进行填补。填补时应注意该填充物干燥后有较大的收缩，所以要分多次填补才能达到理想效果。

上色是有机玻璃板、ABS板制作建筑主体的最后一道工序。一般此类材料的上色都是用涂料来完成。目前，市场上出售的涂料品种很多，有调合漆、磁漆、喷漆和自喷涂料等。当然，在上色时首选的是自喷漆类涂料（图115）。这种上色剂具有覆盖力强，操作简便，干燥速度快，色彩感觉好等优点。

◀ 图 115 ▶

其具体操作步骤是，先将被喷物体用酒精擦拭干净，并选择好颜色合适的自喷漆。然后将自喷漆罐上下摇动约 20 s，待罐内漆混合均匀后即可使用。喷漆时，一定要注意被喷物与喷漆罐的角度和距离。一般被喷物与喷漆罐的夹角在 30° ~ 50° 之间（图 116），喷色距离在 300 mm 左右为宜。具体操作时应采取少量多次喷漆的原则，每次喷漆间隔时间一般在 2 ~ 4 min。雨季或气温较低时，应适当地延长间隔时间。在进行大面积喷漆时，每次喷漆的顺序应交叉进行。即第一遍由上至下，第二遍由左至右，第三遍再由上至下依次交替，直至达到理想的效果。

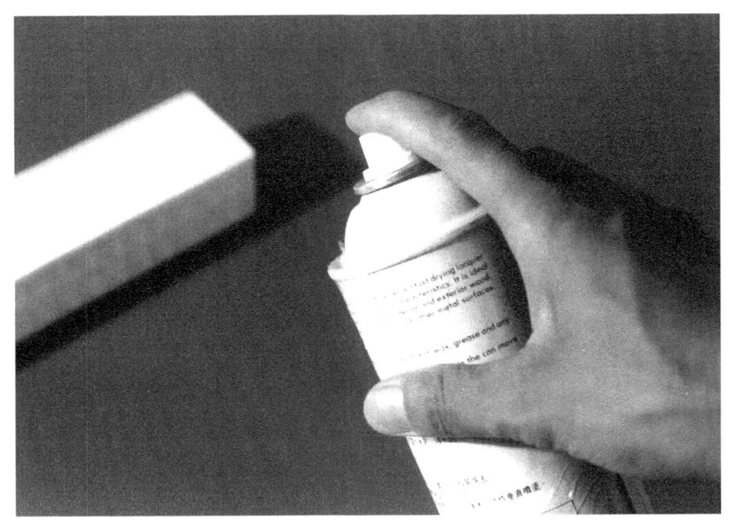

◀ 图 116 ▶

此外，在喷漆的实际操作中，如果需要有光泽的表层效果，在喷漆过程中应缩短喷漆距离并均匀地减缓喷漆速度，从而使被喷物表层在干燥后就能形成平整有光泽的漆面。

但应该指出的是，在喷漆时，被喷面一定要水平放置，以防漆层过厚而出现流挂现象。如果需要亚光效果时，在喷漆过程中要加大喷漆距离和加快喷漆速度，使喷漆在空中形成雾状并均匀地散落在被喷面表层，这样重复数遍，漆面便形成颗粒状且无光泽的表层效果。

综上所述，自喷漆是一种较为理想的上色剂。但是由于目前市场上出售的颜色品种有限，从而给自喷漆的使用带来了局限性。如果进行上色时，在自喷漆中选择不到合适的颜色，便可用磁漆或调合漆来替代。

使用磁漆来进行表层上色时，其操作方法和自喷漆基本相同，但喷漆设备较为复杂，不适合小规模的模型制作，所以这里不作详述。

在此主要详细介绍一下调合漆的使用与操作程序。

调合漆具有易调合、覆盖力强等特点，是一种用途广泛的上色剂。

在进行建筑模型上色时，调合漆的操作方法与程序和日常生活中接触到的操作方法和程序截然不同。在日常生活中，常用板刷进行涂刷，使油漆附着于被涂物的表面。这种方法在日常生活中进行大面积上色时可以适用，但进行建筑模型上色时，这种方法就显得太粗糙了。

在使用调合漆进行建筑模型上色时，一般采用是涂法。即选用一些细孔泡沫沾上少量经过稀释的油漆，在被处理面上进行剟色。剟色时要注意其顺序，在进行平面剟色时，一般是由被处理面中心向外呈放射状依次进行，切忌乱或横向排列，否则会影响着色面色彩的均匀度。剟色时也不要急于求成，要反复数次。每次剟色时必须等上一遍漆完全干燥后，才可进行。这种 色法若操作得当，其效果基本与自喷漆的效果一致。但这里应该指出的，是在利用剟色法进行上色过程中，特别要注意以下几点：

（1）操作环境。因为调合漆（经过稀料稀释后）干燥时间较长，一般需要 3 ~ 6 h，所以必须在无尘且通风良好的环境中进行操作和干燥。

（2）用于剟涂的细孔泡沫在每进行一次剟色后应更新，以确保着色的均匀度不受影响。

（3）在进行调合漆的调色时，使用者要注意醇酸类和硝基类的调合漆不能混合使用，作为稀释用的稀料同样也不能混合使用。

（4）使用两种以上色彩进行调配的油漆，待下次使用前一定要将表层的干燥漆皮去除并搅拌均匀后才能继续使用。

# 第七章

# 建筑模型制作特殊技法

在建筑模型制作中，有很多构件属异型构件，如球面、弧面等。这些构件的制作，靠平面的组合是不能完成的。因此，作为这类构件的加工制作，只能靠一些简易的、特殊的制作方法来完成。这些特殊的制作方法概括起来有如下三种。

## 第一节　替代制作法

替代制作法是建筑模型制作中完成异型构件制作最简捷的方法。所谓替代制作法就是利用已成型的物件经过改造完成另一种构件的制作。这里所说的“已成型的物件”，主要是指我们身边存在的、具有各种形态的物品，乃至我们认为的废弃物（图 117）。

因为这些有形的物品是通过模具进行加工生产的，并且具有很规范的造型。所以这些物品只要形和体量与所要加工制作的构件相近，即可拿来进行加工整理，完成所需要构件的加工制作。例如，在制作某一模型时，需要制作一个直径为 40mm 左右半圆球面

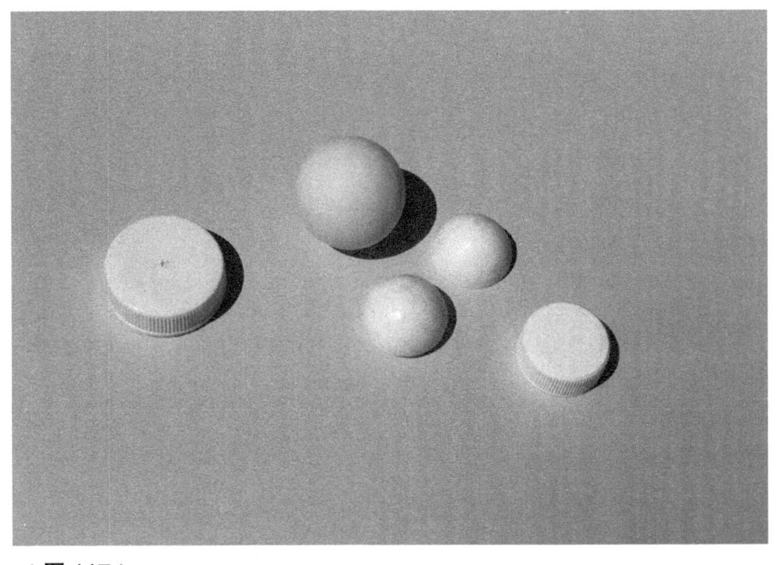

◀ 图 117 ▶

体构件，很显然这个构件靠平面组合的方法制作是无法完成的。因此，必须寻找是否有这种类型的物件。其寻找的思路是，先不要考虑所要完成物件的形态，要把这个构件概括为球体。这时便不难发现乒乓球的直径、形状和要加工制作的构件相似，于是便可以按构件的要求，用剪刀将乒乓球剪成所需要的半圆体。

以上所举的例子，只是一个简单构件的处理方法。在制作比较复杂造型的异型构件时，如果不能直接寻找到替代品，可以将构件分解到最简单、最基本的形态去寻找替代品，然后再通过组合的方式去完成复杂构件的加工制作。

## 第二节　模具制作法

模具制作法是利用模具和不同材料来浇注各种造型的建筑模型构件。这种方法可以满足快捷、准确地改变原型材料和将同一构件进行多个制作的需求。在利用这种方法进行构件制作时，首先要进行母模和模具的制作。

◀ 图 118 ▶

母模制作，（图 118）即构件实体制作。目前制作母模多以石膏、油泥、木材、ABS 等材料为成型材料，这些材料具有易成型、易修整、稳定性好等特点。制作母模时，根据材料不同，可采用手工、机械或数控加工工艺来进行制作。在制作过程中，要特别注意和查验造型的准确性与表面的光顺度。母模制作完成后，还要进行打磨、抛光后处理工序，从而确保母模表面精度要求。最后，还要在母模面层涂刷脱模剂。待上述工序全部完成后，便可以进行模具的制作。

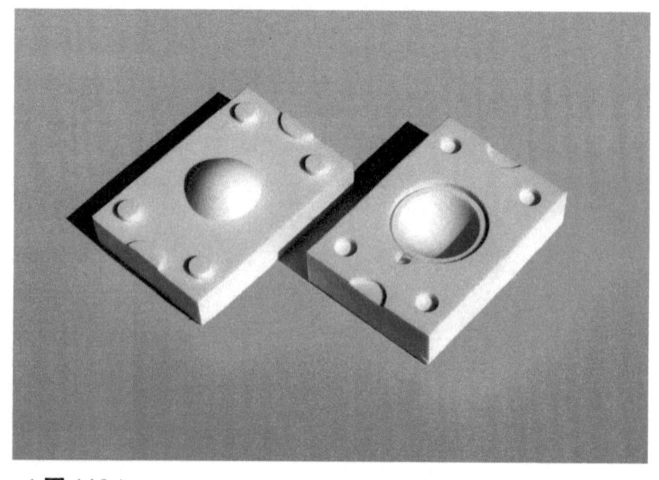

◀ 图 119 ▶

模具制作是该制作法最重要的环节。通常选用石膏或模具硅橡胶（图 119）来制作。具体制作模具时，要根据母模的造型结构、翻制数量需求及不同材料模具的重复使用率，合理地选用模具制作材料。同时要着重考虑型腔布置、分型面、浇注系统、排气系统、顶出方式等模具成型要素。待上述诸要素确定后，便可以利用选定材料进行模具的制作。制作时，最好采用立体浇注模具，加大模具强度。模具浇注成型后，要小心地将模具内的母模取出。然后，清除模具上的残留物并放置相应固化环境中进行固化。固化后，开设注料口与排气口。理论上讲注料口应开在模腔的最低点，浇口直径一般在 10~14mm 即可。排气口根据造型可开一点或多点，直径一般在 1~2mm 即可，位置应在模腔的最高点。同时，根据模具翻制的具体情况再作进一步修整即可完成模具的制作。

模具制作完成后，便可以进行构件的翻制。一般常用的材料有石膏、石蜡、玻璃钢、类 ABS 型、PP、PE 等。其制作方法如下：

## 一、石膏浇注法

石膏浇注法是以石膏粉为原料来翻制造型。其制作方法是先将石膏粉放入容器中加水进行搅拌。加水时要特别注意两者的比例，若水分过多，会影响膏体的凝固；反之，若水分过少，则会出现未浇注膏体就凝固的现象。一般情况下，水应略多于石膏粉。当我们把水与石膏搅拌成均匀的乳状膏体时，便可以进行浇注。

浇注前，应先在模具内刷上隔离剂。浇注时，把液体均匀地倒入模具内，同时应轻轻振动模具，排除浇注时产生的气泡。在浇注后，不要急于脱模，因为此时水分还未排除，强度非常低，若脱模过早，会产生碎裂。所以，在浇注后要等膏体固化，再进行脱模，脱模后便可以得到所需要制作的构件。若翻制的异型构件体、面感觉较粗糙时，还可以在石膏完全干燥后进行打磨修整。

## 二、石蜡浇注法

石蜡浇注法是以石蜡为原料，加入相应的辅材来翻制造型。其制作方法是先将石蜡放入加热容器中加热，加热过程中加入一定量的松香，以增加固化后的硬度。待材料熔化后进行搅拌，使石蜡与松香混合均匀，原料加热至半透明流体时，迅速倒入已涂有隔离剂的模具中，同时应轻轻振动模具，排除浇注时产生的气泡。放置自然通风处或进行水冷，待液体固化后方可脱模。脱模后用刀具稍加修整便可以完成构件的制作。

## 三、玻璃钢翻制法

玻璃钢翻制法是以玻璃钢为原料来翻制造型。玻璃钢即纤维强化塑料，或称为树脂。玻璃钢翻制法具体制作方法有两种，即浇注法和多层涂刷法。

浇注法是采用立体浇注形式完成构件的翻制。具体制作方法是将玻璃钢与固化剂按比例现场进行调制，调制时玻璃钢与固化剂要搅拌均匀，待材料产生化学反应后，将玻璃钢液体一次性地注入已涂有隔离剂的模具型腔内，同时应轻轻振动模具，排除浇注时产生的气泡。放置自然通风处固化，待液体固化后方可脱模。脱模后打磨修整便可以完成实体构件的制作。

多层涂刷法是采用分层涂刷形式完成构件的翻制。具体制作方法是将玻璃钢与固化剂按比例现场进行调制，调制时玻璃钢与固化剂要搅拌均匀，同时准备一些玻璃纤维布或其他制品的增强材料。待材料产生化学反应后，在涂有隔离剂的模具上先均匀涂刷一层树脂，然后敷贴一层玻璃纤维或其他制品的增强材料。依此类推，待胶衣满足形体制作厚度时，放置于通风处固化，待液体固化后方可脱模。脱模后打磨修整便可以完成壳体构件的制作。

## 四、真空注型法

真空注型法是利用真空注型机（图 120），以类 ABS 型、PP/PE 等材料为成型材料，在真空状态下，利用模具对原型构件进行注型。

◀ 图 120 ▶

在真空浇注过程中，首先要根据浇注材料的需求，将模具加热到需要的温度，然后将硅胶模上下模合模，并用胶带固定。固定时要注意模具不能错位，胶带固定要松紧适度，紧了模具会产生变形，松了则会产生会漏料现象。合模后，进行浇注材料配料，配料时要注意材料的配比量及料温，同时要进行快速、充分的搅拌。搅拌后将模具与材料同时放入真空注型机的规定位置并开启真空泵抽真空，排除原料和模具腔中的气体，10 min 以后将材料通过注料口不间断地注入硅胶模具内，待材料充满型腔后恢复大气压。浇注完成后根据注型材料进行常温或加热固化，固化后，拆去胶带，进行脱模及后处理工序，通过修整最终得到浇注的原型构件。

## 第三节 热加工制作法

热加工制作法主要是利用模具，以具有高的热强度塑料为成型材料，即有机玻璃板材，利用材料特有的塑料记忆性、热强度及热延伸性，通过加热、施压使材料贴合于模具上，使原有的板材产生形变（图 121），生成新的物体形态的加工制作方法。

◀ 图 121 ▶

这种制作方法适用于有机玻璃板材类，并具有特定要求构件的加工制作。以弧面造型构件为例，如果成型要求限定为透明弧面造型时，利用替代制作法和模具制作法很难完成此构件的加工制作。因此，最佳的方法是用透明有机玻璃板，以热加工制作法来完成此构件的制作。

在利用热加工制作法制作构件时，与模具制作法前期工序一样，首先要进行模具（图 122）的制作。模具制作材料通常选用石膏、木材等耐热性好、抗压强度大的材料。模具的类型一般常选用阴阳模或对合模，具体选用哪种类型要参考构件的结构。总之，无论采用何种材料与形式进行模具的加工制作，最重要的是要考虑便于成型，成型后便于脱模。在模具制作完成后，便可进行热加工制作。

进行热加工制作，首先要选材。选材一定要注意材料类别，使用透明板材制作时应确保面层无重度机械性划伤。同时还应特别注意的是毛坯材料加热后，板材的延展性可否满足于构件的成型。其次，在热加工前要将母模和被加工的板材进行擦拭。要将各种细小的异物清理干净，防止压制成型后影响构件表面的光洁度。在上述准确工序完成后，便可以进行材料的加热。在加热过程中，要控制加热温度与时间，板材要均匀受热。一般当板材加热到 125 ~ 175℃时，板材变软成橡胶状，可随意弯曲，此时迅速地将板材放入模具，合模后，进行挤压（图 123）及冷却定型。冷却定型时间≥ 24h。待充分冷却定型后，便可进行脱模。脱模后，稍加修整，便可以完成构件的制作。

◀ 图 122 ▶

◀ 图 123 ▶

# 第八章

# CNC 雕刻机制作建筑模型工艺

近年来，随着微电子技术、计算机技术、信息技术的发展，复合加工技术日趋成熟。目前，建筑模型加工业和少数的高等院校在建筑模型制作中，采用 CNC 雕刻机来加工制作建筑模型。CNC 雕刻机在建筑模型制作中的应用，使建筑模型制作工艺有了质的飞跃，实现了手工与机械加工工艺的完美结合，形成了建筑模型制作工艺的多元化。

CNC 雕刻机（图 124）集传统的手工制作与计算机辅助设计技术（CAD 技术）、计算机辅助制造技术（CAM 技术）、数控技术（NC 技术）于一体，是目前最先进的雕刻加工设备之一。它可以利用 CAD 设计成果在 CAM 软件中生成的加工文件（NC 程序），通过数控系统将 NC 程序传输到电脑雕刻机上，最终完成以不同材料为载体的实体模型制作。CNC 雕刻机所形成的加工工艺已成为建筑模型制作中的一种主流工艺。CNC 雕刻工艺在建筑模型制作中的应用，一方面实现了 CAD 技术与 CAM 技术的衔接，形成了数字化、智能化的加工模式；另一方面简化了手工加工的过程，提高了建筑模型制作的精度与单位效率。但需要注意的是，CNC 雕刻制作工艺的应用只是简化或取代了造型过程中手工、机械剪裁切割环节，而不是建筑模型制作的全过程。同时，要想掌握这一技术，作为建筑模型制作者要有一定计算机基础和使用电脑雕刻机的能力。下面就以建筑模型为制作对象，以平面造型、曲面造型的两类加工方式分别详细介绍 CNC 雕刻工艺环节以及 CNC 雕刻加工特殊技法。

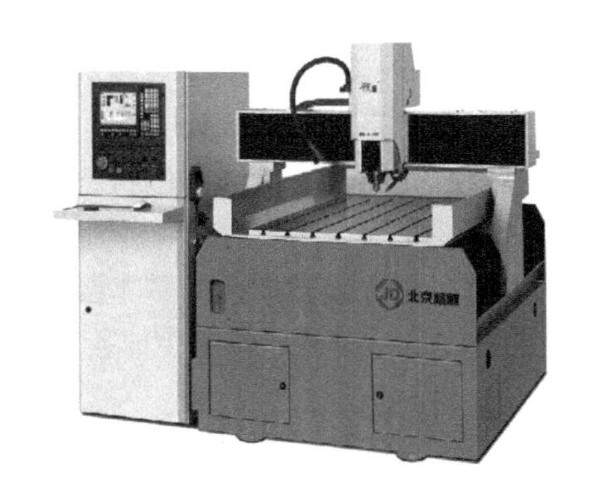

◀ 图 124 ▶

## 第一节　建筑模型平面造型雕刻加工文件制作

在建筑模型制作中，建筑造型基本上是由点、线、面组合构成三维造型。利用 CNC 雕刻机完成这些造型的制作与传统的手工加工制作有着明显的差异。CNC 雕刻是以数字化的模式构成了一个从设计到加工的系统性工艺实施过程。在这一过程中，前期平面造型雕刻文件制作非常重要。它涉及许多技术环节，并直接关联到后期 CAM 的实体加工及实体造型能否达到准确、高效的加工制作。

建筑模型平面造型雕刻文件制作可分为：电子图形文件创建、建筑模型制作设计、建立加工路径文件。

## 一、电子图形文件创建

在利用CNC雕刻机制作建筑模型平面造型时，首先要具备全部制作内容（建筑的平、立、剖面图或几何模型）的电子版图形文件。一般电子版文件的获取方法有三种：第一种是根据手绘图形设计方案及文字说明，采用CAD软件进行电子图形文件构建；第二种是利用位图进行扫描，扫描后通过CAD软件进行图形矢量化，从而获取电子图形文件；第三种是由设计方直接提供CAD图形或几何模型文件。

在获得电子图形文件后，要将这些图形文件转换为CNC雕刻机软件系统兼容的文件格式。因为，现在市场上的CNC雕刻机所使用的系统软件及所兼容的文件格式不同，如果设计方提供的电子文件与使用的CNC雕刻系统软件不兼容，那么将无法进行后期的建筑模型制作设计和雕刻路径文件的制作。

## 二、建筑模型制作设计

在获取全部建筑模型的电子图形文件后，要进行建筑模型的制作设计。这一设计过程除了要遵循前章节的建筑模型设计原则外，还要根据CNC雕刻机的加工工艺、原型特征，以最简捷的加工方式分解设计图形，生成加工图形，这一环节非常重要。因为，建筑设计方案是不包含工艺因素在内的设计图形，要把建筑设计方案用建筑模型表达方式来表达，必须利用载体材料并运用不同的加工工艺，才能把建筑设计方案制作成建筑模型。所以，首先要准确地分解建筑设计方案，把整体设计分解为若干个平面图形。分解图形过程中，要严格地按建筑设计平、立、剖图形所显示的造型数据去分解。其次，要根据建筑模型制作比例、所选用的材料厚度、连接方式等制作工艺因素，把这些建筑设计图形作进一步修改。修改后，生成需要加工的基本图形。然后，再根据CNC雕刻机台面的有效加工面积将需要加工的基本图形按照不同的加工方式及所使用加工材料的种类、厚度，逐一地进行排列。最终生成若干块排列有序的图形板块。

## 三、建立加工路径文件

建立加工路径文件是CNC雕刻工艺环节中最重要的环节。建立加工路径文件一般是在与雕刻系统相匹配的专业CAM软件上，利用软件提供的各种数控编程方法，根据造型的成型要求、载体材料等要素设计工艺方案，选择不同的雕刻手段，生成实际的刀具运动轨迹，形成控制雕刻机加工状态的NC程序。在这一环节中，主要是进行雕刻刀具、加工方式及相关加工参数的设定。

在建筑模型平面图形雕刻加工制作中，常用的刀具有：锥度刀（图125上）、平底柱刀（图125下），常用的加工方式为：单线雕刻、区域雕刻、轮廓雕刻。

在设定单线雕刻（划痕）加工路径时，如：建筑立面墙砖、墙线分格、地面分格等，一般选用刀具为锥度平底刀。刀具锥度及底直径的大小要根据制作的线形、线宽度、加

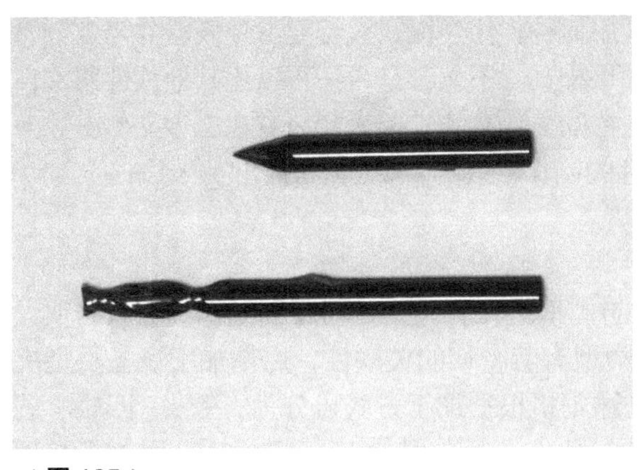

◀ 图 125 ▶

工板材的厚度及雕刻时吃刀量的大小等综合因素去考虑。使用薄板材作划痕制作时，一般常用锥度 90°、底直径为 0.1mm 的刀具，用浅吃刀量来加工。这样便可以避免加工后板材的变形与断裂。

在设定区域雕刻路径时，如：下沉水面、下沉广场、山地等高线等，一般选用平底柱形刀具。刀具的直径和走刀的重叠率根据加工面的大小和精度要求来选择。区域雕刻精度与走刀的重叠率成正比例关系。

在设定轮廓雕刻路径时，如：建筑立面的开窗和外轮廓切割（墙立面转角为 90°），一般选用刀具为平底柱形刀，刀具直径越小越好。一般常用刀具直径 0.8~1.5mm。因为，平底柱形刀具它所切割的切口线是直口，所以，一般用平底柱形刀具作开窗部分与外轮廓的切割；选择小直径的刀具则是因为柱形刀具在作向内切割（开窗部分制作）时，90° 转角处有 R 角，镂空切割用小直径刀具可减小 90° 转角处的 R 角。

以上列举了建筑模型平面造型制作常用的加工模式和刀具的选择。由于各种 CNC 雕刻机的软件系统和功能不尽相同，所以，在具体进行这一环节的操作时，要根据所使用的雕刻系统来进行路径文件的制作。

## 第二节 建筑模型曲面造型雕刻加工文件制作

在建筑模型制作中，有些造型是由多种曲线、面组合成的三维造型，这些造型是无法用块面组合的形式去完成造型制作的。利用 CNC 雕刻机完成这种造型的制作，是一个非常理想的加工方式。

建筑模型曲面造型雕刻加工文件制作可分为：电子图形文件创建、建筑模型制作设计、建立加工路径文件

### 一、电子图形文件创建

在创建三维造型的电子图形文件时，其操作步骤和平面制作程序基本相同。不同的是若设计方提供的是建筑的平、立、剖面图形时，则需要根据加工对象在 3D 环境里将二维的图形构建成三维的几何模型。目前，专业 3D 建模软件种类较多。在建模时，人们对于软件的选择不尽相同。有人选用生产雕刻机产家自主研发的 CAD 软件建模；也有人选用专业 3D 建模软件，如：AutoCAD、Rhino、3dmax、Solid Works 等软件。但这里需要注意的是：目前，这些专业工具软件无论是建模的方式，还是几何模型精度都有一定的差异，而这些差异都会对 NC 程序的生成、后期 COM 加工及实体模型成型效果产生不同的影响。所以，在选择建模软件时，要根据加工对象形态、复杂程度、精度要求等综合因

素去选择建模软件；同时，还要注意不管采用何种软件建模，关键要看建模软件与雕刻系统的 CAM 编程软件文件格式是否兼容，如果相互间不兼容是否还可以用其他软件将文件格式转换为雕刻系统的 CAM 编程软件所支持的文件格式。因为，只有在二者文件格式兼容的情况下，才能进行下一步雕刻路径文件的制作，最终实现三维造型的雕刻加工。

## 二、三维造型制作设计

在利用 CNC 雕刻机加工建筑模型三维造型时的制作设计，与平面制作设计有着很大差异。三维造型制作设计与后期加工设备类型有着密切的关联性，后期加工设备类型决定了三维造型的制作设计方式。目前 CNC 雕刻机根据加工方式可分为：三轴、四轴、五轴三种机型。四轴 CNC 雕刻机主要用于在柱体上进行造型加工，五轴 CNC 雕刻机在理论上可以直接根据几何模型进行 CAM 编程，生成 NC 程序后，进行三维造型的立体加工。而作为目前普遍使用的三轴 CNC 雕刻机在进行三维造型加工时，实际上它不是三维立体加工，而是利用 X、Y 轴横纵移位与 Z 轴上下移位完成单面曲面造型的加工，也就是人们常说的浮雕造型加工。因此，在使用三轴 CNC 雕刻机进行三维造型加工时，在几何模型构建后，要根据造型特征及载体材料对几何模型进行制作设计，即以化整为零的原则对原型进行拆分，将一个完整几何模型分解为若干可加工的造型体块，然后运用翻转定位方法，分别对拆分后的体块进行个体加工，加工后再通过组合完成三维造型的整体制作。此外，在分解几何模型的过程中，还要重点考虑所使用 CNC 雕刻机的 Z 轴参数。如果忽略了 Z 轴行程，则也是无法完成造型的后期雕刻加工。

## 三、建立加工路径文件

建立三维造型加工路径文件要比建立平面雕刻路径文件容易，因为，三维造型加工主要采用铣削、切割工艺即可完成造型制作。

建筑模型曲面图形的雕刻加工制作，一般选用球刀（图 126 上）、平底柱刀（图 126 下）作为加工刀具，常用的加工方式为：曲面雕刻、轮廓雕刻。

在设定铣削造型路径时，要根据造型的复杂程度、型腔深度来选择刀具的直径，同时分二次设定雕刻路径。即第一遍以粗加工的形式，用低重叠率来设定雕刻路径，从而在具体加工时可以快捷地完成造型的毛坯加工。第二遍以精加工形式，用高重叠率（根据面层光顺度要求来选择重叠率）来设定雕刻路径。从而确保雕刻曲面造型的光顺度。

在设定切割造型外轮廓线路径时，一般选用平底柱刀。刀具的直径应和铣削造型刀具直径相同，这样才能保证切口线与造型轮廓线相吻合。

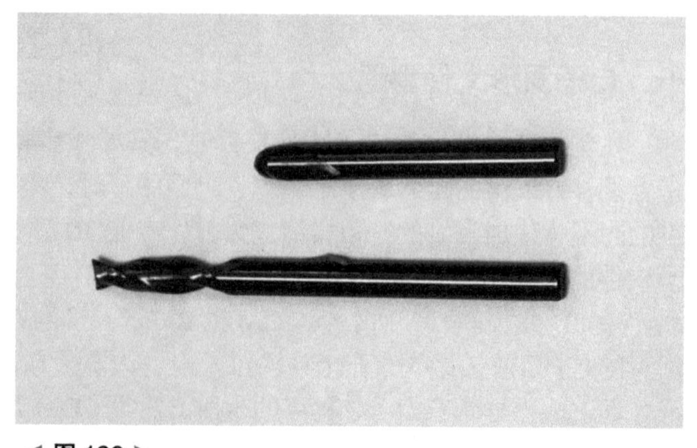

◀ 图 126 ▶

在整体加工路径文件生成后，应用 COM 软件中的仿真程序作一下加工过程模拟。因为，有时建立的三维雕刻加工路径文件由于各种因素的影响，我们所建立的路径文件是不可执行的文件。所以，在建立加工路径文件后，要在 COM 软件中作一下加工过程模拟，从而确保我们所建立的加工路径文件是有效路径文件。

# 第三节　CNC 雕刻加工

CNC 雕刻加工工艺环节是使用 CNC 雕刻机，运用已建立的路径文件（NC 程序），以材料为载体完成平面或三维造型的实体制作。

在雕刻制作过程中，首先要作一些相应的准备工作。

## 一、CNC 雕刻机具准备。

在雕刻加工制作前，要根据加工制作的要求作一些必要的准备。首先，对 CNC 雕刻机的台面作平度测定。因为，建筑模型所使用的材料较薄，有时要在 0.5mm 厚的板材上作划痕加工。所以，对台面的平度要求很高。同时，对于初学者和操作不熟练的人员，还要对 CNC 雕刻机台面作一些保护性措施，避免在操作过程中因不熟练和误操作造成 CNC 雕刻机台面的损坏。一般常用的保护措施是在 CNC 雕刻机加工台面上以粘贴的形式覆上一层 ABS 板或 PVC 板，板材厚度 2 ~ 3mm 为宜。具体方法是先用美纹胶带贴于雕刻机台面上，然后，在美纹胶带上贴一层双面胶，同时将贴有美纹带的 ABS 板或 PVC 板粘贴于 CNC 雕刻机台面上（图 127）。最后，再在粘贴于 CNC 雕刻机台面上 ABS 板或 PVC 板面层贴上美纹胶带，从而形成具有保护性的加工台面。此方法既保护 CNC 雕刻机台面，又可以在雕刻过程中根据台面的磨损情况及时更换，确保加工台面的平整度。

◀ 图 127 ▶

## 二、雕刻材料准备

雕刻材料的准备是雕刻加工前必不可少环节之一。在建筑模型制作中，一般常用的雕刻材料为纸、塑（有机板、PVC 板、ABS 板）、木（轻木）。在雕刻材料准备时，首先要根据雕刻文件图形的尺寸、板材的厚度和材料种类，备齐毛坯材料。在上机雕刻前，不管使用何种材料为制作载体，都要将材料以粘贴的形式固定在 CNC 雕刻机的台面上。具体固定方法是：在作平面雕刻加工时，首先要在毛坯材料面层上贴一层美纹胶带，同时在美纹胶带上贴上一层双面胶，用时将双面胶的覆背纸揭掉，贴于粘有美纹胶带的 CNC 雕刻机的台面上即可。在作三维雕刻加工时，考虑到材料体积、一次性吃刀量和重复加工等因素，除了粘贴外还要上压脚或用热溶胶固定，确保加工材料的稳固性。

## 三、雕刻加工

雕刻加工是加工对象完成从虚拟空间到实体空间转换最重要的一个环节。雕刻加工是利用已生成的雕刻文件（NC程序），通过数控系统驱动CNC雕刻机完成平面与曲面造型的实体加工。在执行这一操作环节时，首先，开启CNC雕刻机数控加工系统，打开需要加工的雕刻文件，并选择加工对象。在确认加工对象后，根据路径文件中加工对象刀具的设定，将相对应的刀具装夹在Z轴上。刀具安装完毕后，将系统进入到雕刻控制功能界面上，进行加工参数的设定（图128）。

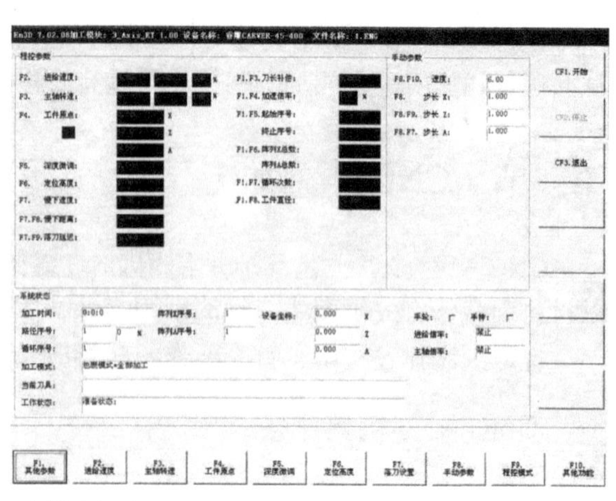

◀ 图 128 ▶

这步操作由于数控系统与COM编程方式不同，其视屏雕刻控制功能界面和参数设定要求也不尽相同。但从加工角度而言，主要进行进给速度、主轴转速、工作原点、定位高度等参数设定。

（一）进给速度

进给速度是指在加工过程中，刀具上的基准点沿着刀具轨迹相对于工件移动时的速度。单位：m/min。进给速度的设定主要是根据材料硬度、刀具大小、吃刀量深浅、面层精度要求等要素进行设定，一般常规操作可采用设备标准设定。

（二）主轴转速

主轴转速是指CNC雕刻机主轴在单位时间内的转数。单位：r/min。主轴转速的设定主要是根据加工材料、雕刻形式进行选择。纸、木类材料材质密度低，主轴转速过高或过低都会造成切口爆边、碳化，影响加工质量。因而在加工纸、木材料时，主轴转速应为中低速，选择范围应为：5000 ~ 7000 r/min。塑料类材料材质密度较高，材料在加工时，不同的加工方式所使用的主轴转速是不同的。轮廓切割和铣削加工时，主轴转速应为10000r/min。划痕加工时，由于线型较细，应选择高速切削，高速切削有利于排屑，保证线痕的清晰度。主轴转速应为20000r/min。

（三）工作原点

工作原点亦称起刀点，一般是指X、Y、Z加工的起始点。X、Y工作原点定位是根据加工路径中设定的特征点去定位加工材料的加工原点位置。Z工作原点定位是根据雕刻形式去设定。划痕加工多是以材料面层为Z轴的工作原点；轮廓加工是以加工台面为Z轴的工作原点；曲面加工可根据加工造型选择，以台面或材料面层为Z轴的工作原点均可。在校对Z轴的工作原点时，一般先用大步长将Z轴下移，当刀具接近目标位置时，将步长改小，同时开启主轴电机逐步下移，当刀具触碰到目标位置并有轻微划痕时，Z轴的当前位置则为Z轴的工作原点。

（四）定位高度

定位高度亦称 Z 轴行程。定位高度的设定主要是确保刀尖能在加工范围内安全经过的空间，一般定位高度值要大于加工材料的厚度及夹具的高度，避免在雕刻过程中发生对刀具、加工件的损伤及障碍事故。

综上所述，进给速度、主轴转速、工作原点、定位高度是 COM 加工中重要的加工参数。这些参数的设定由于加工对象、加工材料、加工方式的不同，相互间存在着很大关联性与多变性。对于初学者或操作不熟练的人员来说，加工参数的设定有一定难度。为了确保加工顺利完成，在加工参数设定后可以进行试雕。试雕后，根据具体情况进行参数优化，最终确定最佳参数值。

在上述加工参数设定后，便可以进入实体雕刻加工阶段。在加工时，根据建筑模型图形加工特点，如果一个加工对象内含有多种加工模式，一般按下列顺序选择加工步骤：

（1）区域雕刻、曲面雕刻；

（2）划痕雕刻；

（3）轮廓雕刻（向内）；

（4）轮廓雕刻（向外）。

在选择加工排序完成后，便可以执行加工。在加工过程中，每执行完一个加工程序后，不要急于更换刀具进行下一个程序的操作，而是要用吸尘器或板刷清除加工面的切削粉末，观察加工效果，如果效果不理想可再次调整加工参数，进行二次加工。加工后，确认该加工程序无任何问题，再执行下一个程序的操作。

在全部加工程序完成后，要把全部加工件卸下台面。拆卸薄板材加工件时，应特别注意不要将加工件损坏。在全部加工件卸出台面后，再逐一地清除加工件上的切削粉末及固定用的胶带。至此全部雕刻加工过程全部完成。

## 第四节　CNC 雕刻加工特殊技法

在使用三轴 CNC 雕刻机加工制作建筑模型的平面或三维造型时，由于受 CNC 雕刻机轴数及加工尺寸等条件的限制，有时无法一次性地完成加工对象的整体加工制作。只能通过一些特殊的技法，扩展 CNC 雕刻机的加工功能，最终在不分割加工材料的前提下，准确、高效地完成加工对象的整体制作。

在建筑模型制作中，常见的情况有两种：一种是单边加工长度超出 CNC 雕刻机加工范围；另一种是用三轴 CNC 雕刻机进行双面铣削或三维整体加工。一般按照常规操作只能分块或分面加工制作，然后通过拼接完成加工对象整体制作。但是这种制作方法整体效果差，甚至有时无法对加工对象进行制作。因此，有时采用一些特殊技法去进行加工制作，就能在不分割加工材料的前提下完成加工对象的整体制作。

所谓特殊技法就是采用不同的定位方法，把加工材料通过位移或翻转，进行分次加工，最终完成整体加工制作。

## 一、Y 轴移位法

Y 轴移位法是延长加工长度，整体完成平面、曲面雕刻制作的方法之一。具体操作方法是：先在加工对象 CAD 图形上，根据 CNC 雕刻机加工范围沿长边进行等份拆分，加绘定位标尺（图 129），标尺的长度为移位的步长。同时，将图形按加工移位方向顺时针旋转 90°。在绘图完成后，分别建立路径文件。上机加工时，先在台面上沿 Y 轴方向的左边粘贴一块 PVC 板或 APS 板，用 CNC 雕刻机沿着 Y 轴方向切出直边，形成 Y 轴位移的靠尺，靠尺长度要大于加工长度。然后，将要雕刻的材料毛坯用手工切割一条直边，并沿着靠尺把加工的起始部分材料粘贴在台面上（图 130）。

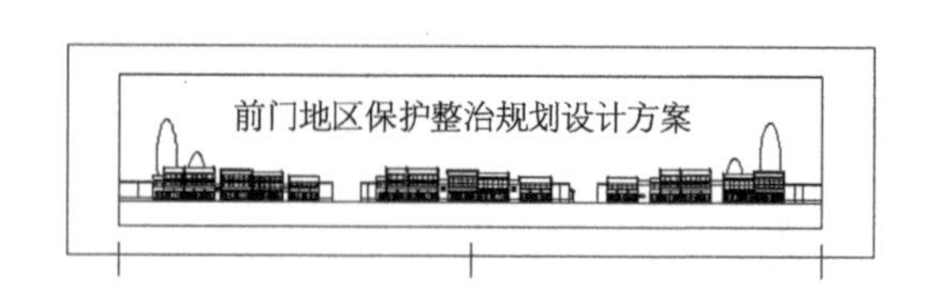


◀ 图 129 ▶

◀ 图 130 ▶

在上述准备工作就绪后，调出第一组雕刻图形的路径文件，并逐一设置各项加工参数。加工参数设定后，进行第一组图形的雕刻（图 131）。雕刻完成后，便可以将加工材料卸下，沿 Y 轴方向根据预先设定的移位标记进行移位、粘贴。确认定位无误后，调出相对应的路径文件，在不改变 X、Y、Z 轴坐标原点的情况下，进行第二组图形雕刻（图 132）。依此类推，直至完成整体图形的雕刻。

◀ 图 131 ▶

◀ 图 132 ▶

## 二、图形定位法

图形定位法是利用三轴 CNC 雕刻机进行双面雕刻、铣削整体加工制作的方法之一。具体操作方法是：在绘制完成的正、反两面 CAD 雕刻图形上，分别加入同一尺度并大于加工图形的矩形图形，这一图形主要用于标准毛坯料的切割和定位框的制作。在矩形图形绘制完成后，将加工图形居中排列或根据特定要求排列在相应的位置。如果作三维造型整体或壳体加工，要将几何模型分别构建双面加工图形，其中一面加工图形按照翻面加工的原理将几何模型作镜像180° 翻转（图133）。然后，分别生成加工路径，矩形图形作向外的轮廓切割。路径文件建立后，即可进行第一个面的雕刻加工。雕刻加工时，第一面加工只作加工对象的雕刻或铣削加工和矩形图形的轮廓加工，不要作雕刻图形的轮廓切割，其原因是避免翻面加工前工件与毛坯材料分离。在第一个面雕刻加工完毕后，加工对象形成了一个标准的矩形体块，体块内含有单面已完成的加工形体。下一步就要进行加工件的翻转定位和第二面的加工制作。一般定位方法有两种：一种方法是将矩形体块外的加工余料卸掉，在清除切削粉末后，用笔在台面上沿已切割完的矩形体块外廓手工绘制翻转定位框（图134）。然后，将单面雕刻完的工件卸下，在已加工的一面贴上胶带，并按图形镜像关系粘贴在手绘矩形定位框内。在确认定位准确后，调入另一面路径文件，不要改变X、Y轴的起刀点，作第二面的雕刻图形加工。这种定位方法简便易行，但翻转对位精度略差。如果对制作要求较高时，可以用另一种翻转定位方法。具体操作方法是：绘制图形阶段和上述方法基本相同，只是矩形图形再做一个向内的轮廓加工路径。雕刻加工时，在第一面雕刻加工完毕后，清除切削粉末，将加工件卸下，同时，在台面上粘贴一块厚度薄于加工材料的板材，并重新确认X、Y轴坐标点，作矩形图形向内的轮廓加工。切割后，将矩形框内材料清除，形成了一个实体的翻转定位框。在清除切削粉末后，将贴有胶带要进行第二面雕刻的工件按图形镜像关系嵌入镂空的矩形框内（图135）。然后，调入另

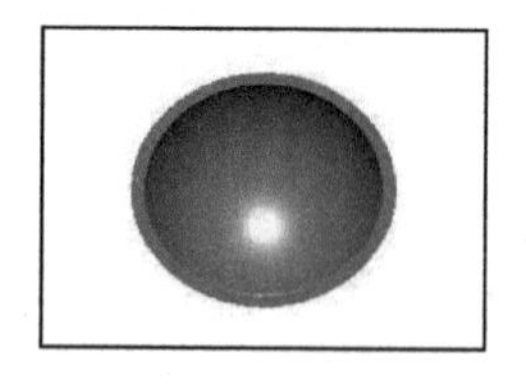
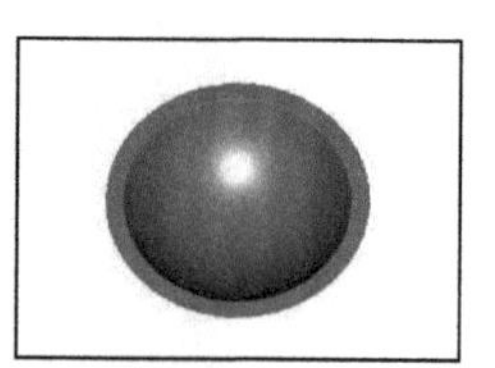

◀ 图 133 ▶

◀ 图 134 ▶

一面路径文件，不要改变 X、Y 轴的起刀点，作第二面的雕刻加工，最终完成图形的整体加工（图 136）。这种定位方法误差量小于前一种定位法，是翻转定位精度较高的一种方法。但这里需要注意的是：利用三轴雕刻机采用图形定位法制作三维造型时，对于复杂的造型，可能需要经过多次拆分，避免加工盲区。然后，通过分体加工、黏合，最终完成复杂的三维造型制作。

总之，在建筑模型制作中，经常利用上述介绍的两种定位方法，在三轴 CNC 雕刻机常规操作下，通过材料的移位延长平面图形单向加工长度；通过材料的定位翻转完成双面雕刻、三维造型整体制作的特殊需求。

◀ 图 135 ▶

◀ 图 136 ▶

# 第九章

# 建筑模型色彩

在建筑模型制作中，色彩的表达是一个非常重要的环节。建筑模型色彩是借助普通色彩学的基本理论而形成的，具有很强的装饰性和仿真的视觉效果。在进行建筑模型色彩表达时，建筑模型的色彩绝不是实体建筑、景观色彩的平移。也不是简单的纯数学关系。作为模型制作人员除了要运用普通色彩学中相关基本理论外，还要将普通色彩学中相关基本理论融入建筑模型制作工艺中综合考虑。要合理地利用材料的本色和二次成色工艺，这样不仅能处理好色彩在建筑模型中的运用，而且还能创造出完美的视觉效果。

## 第一节　色彩的基本构成

普通色彩学中的三原色、三间色、六复色，是建筑模型色彩构成的主要颜色。

原色（红、黄、蓝）又称一次色。其纯度高，是调制其他色彩的基本颜色。

间色又称二次色。它是两种原色等量相加调配而成。纯度低于原色，如:黄＋红＝橙，黄＋蓝＝绿，红＋蓝＝紫，这三种颜色称为三间色。

复色又称三次色。它是有原色和间色不等量相加调制而成，故纯度低于原色和间色。复色共有六色，即：黄＋橙＝黄橙，红＋橙＝红橙，蓝＋紫＝蓝紫，黄＋绿＝黄绿，红＋紫＝红紫，蓝＋绿＝蓝绿，这六种颜色又称六复色。

上述三原色、三间色、六复色再通过等量与不等量相加，又派生出调合色、对比色及补色，从而构成了建筑模型色彩表现的基本色。

作为模型制作人员，不但要掌握上述的基本调色原理，而且还要掌握颜色的属性及其他的色彩知识，并根据建筑模型制作表现的内在规律，来调制建筑模型制作所使用的各种色彩。

## 第二节　色彩在建筑模型中的运用

### 一、材料本色的利用

材料本色的利用是建筑模型色彩表达的方法之一。在建筑模型制作中，纸板模型和木质模型的色彩表达，都是以材料的本色构成了建筑模型的色彩。在色彩表达时，利用材料的特有的肌理、质感、色彩，运用抽象色彩表达方式，把形式美的原则融入模型制作中，营造了一种特殊的色彩感觉与美感。尤其是木质古建筑模型（图 137）制作，对于材料本色的利用更为典型。

◀ 图 137 ▶

制作木质古建模型时，一般以木板材为制作的主材，采用的是同质同构的制作形式。这种对材料本色的利用，既能表达建筑材料的原型，又能体现木质材料肌理、色彩，从而使形式与内容达到高度统一。

在建筑模型制作中，还有很多地方是利用材料的本色进行制作，如：玻璃或磨砂玻璃体、面造型制作，金属构件制作等。在这些部分制作中，人为的色彩处理根本不能表达其材料自身的色彩和效果，所以在这部分的色彩表达上，必须利用材料自身的本色。

## 二、二次成色的利用

在塑料类建筑模型制作中，二次成色的利用相当广泛。因为在这类建筑模型制作中所使用的原材料是一种通用塑料型材。这类型材色彩单一，不能满足建筑模型色彩表达需求和仿真效果，所以只能利用二次成色方法。通过色彩调配和喷涂工艺加工，改变原材料的固有色彩，形成所要表达的面层色彩；通过专业涂料和加工工艺处理，改变原材料面层的肌理、质感，如：仿石材效果面层制作，仿塑胶面层效果制作等，都是利用二次成色方法来进行制作。

总之，二次成色在建筑模型面层制作中的利用，不仅可以提高建筑设计色彩的重现性，而且还可以提高建筑模型面层制作的仿真效果。

# 第三节　二次成色工艺

近年来，随着加工制造业的发展，二次成色工艺应用范围非常广泛，其工艺手段也日趋完善。目前，二次成色工艺手段有十余种。在建筑模型色彩表达中主要采用的是喷漆工艺，喷漆工艺包括：色彩调配、面层喷涂两大工艺环节。

## 一、建筑模型色彩调配

建筑模型色彩调配是二次成色重要的构成要素之一。在建筑模型制作中，二次成色方法主要是以水溶、溶剂型漆料为面层成型材料。现在市场上销售的原色漆色彩种类虽然很多，但仍然不能满足建筑模型色彩表达需求。这就要求模型制作人员在实际制作中，利用现有种类的原色漆调配出符合建筑模型色彩表达需求的复色漆。

目前，常见的溶剂型复色漆的调配方法主要有手工调色法和电脑调色法。在建筑模型制作中，对于色彩的调配较多地采用手工调色法，这种调色方法特别适合建筑模型面层色彩加工工艺的需求。手工调色法是一种最简单、最基本的调色方法。该方法是依据色彩学基本理论，利用两种或两种以上的原色漆，通过人工调配来改变色彩的色调、明度和饱和度，形成色彩多样化、个性化的复色漆。在具体调色时，可按下列工序进行调色：

（一）拟定调色配方

调色配方的拟定是调色人员根据设计人员提供的拟调色样，在自然光或人造日光下，通过对色彩的视觉辨析并依据色彩学的基本原理进行色彩分析，初步确认来样中原色漆的成分和大致的配比量。同时要详细了解拟调漆料类别与各种理化性能，并将影响色彩调配的因素纳入调色配方中综合考虑。

（二）样漆调配

样漆调配是依据初步拟定的调色配方，利用少量原色漆进行复色漆实体调配，通过样漆的调配为成漆的调配提供基本的量化配方。在具体调配过程中，以同类别油漆相配为原则，遵循减色法的原理，“由浅入深”依次将拟定配方中的各组份原色漆称量后放入配色容器中，边加边进行搅拌，同时观察色彩变化与混融程度，待漆料充分混融后，与拟调颜色色样进行目测比对，若出现色彩差异，可根据色差调整原色漆的组份及配比量，直到调配出所需的复色漆样漆。

（三）成漆调配

成漆调配是依据样漆调配后形成的基本量化配方，按样漆的调配方法来进行调配。在具体调配过程中，由于调配量的加大，混色时对染色力大的深颜色要少量多次进行添加，同时可添加少量稀释剂并进行充分搅拌，确保原色漆的充分混融。避免产生混色不均、原色漆沉淀或上浮等现象。成漆调配完成后，为了确保色彩调配的准确性，还可以制作干膜样板与来样色样进行目测比对。确认无误后便可完成漆料配色的全部工序。

此外，模型制作人员在调制复色漆时除了要遵循上述工序外，还要注意下列影响调色的诸多因素。如果在调色时忽略了这些因素，将会影响对建筑模型色彩的表达。

1. 环境因素

模型制作人员在进行建筑模型色彩的调色时，应特别注意环境因素的影响。

（1）操作环境

操作环境是影响色彩调制准确性的因素之一。在进行色彩调制时，一般应在白色衬底上进行配制。因为，在白色衬底上进行调色便于观察，同时，也可以避免其他色彩对调色准确性的干扰。

（2）光环境

光环境是影响调色准确性的另一重要因素。为了避免这种因素的影响，进行色彩调制一般应选择在光线充足且为散射光的环境下进行。因为阳光直射容易引起色彩和容器的反光，从而影响操作人员调制色彩的准确性。

2. 尺度因素

众所周知，建筑模型与足尺建筑具有完全缩比的关系。而一般设计人员给定的色标，则是足尺建筑物概念的颜色。若以这块色标为依据去调制建筑模型实际使用的色彩，往往不能表达设计人员想像中的色彩。其原因并非调色造成的，而真正原因正是尺度因素的影响。实际上，尺度因素影响也与视觉占有量有关。也就是说，当把设计人员给定的小块颜色扩大时，会感觉到加大后的色块比原来的小块颜色明度降低了许多。这一现象正是尺度因素与视觉占有量之间的相互影响。所以，在调配色彩时，一定要根据色标和建筑模型制作比例来调整色彩的明度。

3. 工艺因素

在进行建筑物喷色时，模型制作人员为了使建筑物的色彩效果更贴近于建筑材料的质感，常采用各种方法和工艺来进行喷色。正是这种制作工艺的不同，使其色彩的明度产生了变化。如为了追求涂料的质感，经常采用亚光的效果来进行制作。这种方法引起了色彩明度的降低。所以调色时，应根据喷色工艺来调整色彩的明度，从而避免因工艺因素引起的色彩感觉误差。

4. 色彩因素

在进行建筑模型调色时，色彩自身的因素对调色有着重要的影响。色彩是由三原色、三间色、六复色的混合产生出众多的色彩。由于不同的色相、纯度、明度形成了鲜明的对比，从而又派生出冷暖、明暗、扩张与收缩等色彩关系。在前面已经讲过，建筑模型是具有三维空间的物体。因此，冷暖、明暗、扩张与收缩等色彩关系，将直接影响人们对建筑模型的视觉感受。所以在调配色彩时，要通过调整色彩明度和纯度来改变上述色彩的关系，修正建筑模型在视觉中尺度的扩张与收缩。

总之，手工调色法是一个非常复杂的环节。在色彩调配过程中会涉及诸多不确定因素，单一色彩的调配需要经过多次反复调配才能够完成。这种调色方法是二次成色不可或缺的重要手段，它为建筑模型整体色彩表达提供了更多的选择空间和表达空间。

## 二、建筑模型色彩面层喷涂

建筑模型色彩面层喷涂是以空气压缩机、喷枪为主要加工设备（图 138），以漆料为成型材料来完成二次成色。该工艺环节是采用手工操作，利用压缩空气的气流，将喷枪储料罐内已调配完成的漆料以负压形式吸入喷枪喷嘴，通过旋转气流将漆料雾化后，以

◀ 图 138 ▶

正压的形式经过喷枪喷嘴将漆雾喷射到被涂饰物的面层上，形成均匀的色彩涂饰面层。

面层喷涂在建筑模型色彩表达中的利用不仅能快捷地形成多色彩、多质感的色彩面层,而且还能弥补成型过程中形成的面层缺陷。该工艺的环节实施是由多道制作工序组成，作为建筑模型的面层喷涂可分为下列几道工序：

（一）喷涂前的准备工作

喷涂前的准备工作分为两部分。首先对喷涂设备进行调试，着重检查气动系统气压，同时在喷枪储料罐内装入稀释剂，清洗喷枪上料、出料系统。清除喷枪内循环使用时残留的液体，确保新液料排出时无异物且呈雾状。其次是了解漆料的特性，根据不同类型漆料调配稀释剂、固化剂等组份的配比，然后对漆料进行充分搅拌，使漆料组份得到充分混合。这两部分准备工作是喷漆工艺的重要环节，它直接影响到工艺的实施与色彩面层成型后的质量。因此作各项准备工作都要准确无误，确保喷漆工艺的需求。

（二）一次打磨

一次打磨是喷漆前对已成型的建筑模型体、面，特别是溶接缝的胶痕和明显的加工工艺缺陷进行修整的过程。打磨时，要注意力度和方法，避免打磨后形成二次工艺缺陷。此外，在喷涂透明水溶性漆时，喷涂前除进行上述修整外，还应对原材料体、面进行喷砂或打磨，以增强材料的附着性。喷涂后，能使水性透明漆液均匀地附着在被喷物体上，避免产生漆料的局部堆积现象，从而使喷涂透明面层能达到很高的透明度与均匀度。

（三）喷涂底漆

喷涂底漆是漆面形成的第一遍漆，同时也是漆面形成很重要的一遍漆。它要求均匀、强力地附着在被喷涂体、面上。根据建筑模型色彩成型原理及成型材料，底漆一般选用与面漆同系列的白色漆。白色底漆不会影响任何色彩面漆的色相、色度，能使色彩达到预想的面层效果。

（四）面层缺陷修补

面层缺陷修补是底漆成型后很重要的一次修补过程。一般对于材料表面轻度划伤而形成的缺陷，可以通过底漆喷涂利用油漆的流平性自动修补，但对于原材料表面的凹形残点和加工工艺造成的重度机械性划伤、粘接工艺形成的溶接缝下陷等缺陷，在底漆喷涂完成后仍显露无遗。为了确保面漆成型后的质量，必须进行面层缺陷修补。这种面层缺陷修整主要是采用刮涂腻子方式进行填补修整。腻子的调制一般使用腻子粉、钛白粉或石膏粉加底漆进行调制，调制时注意漆与配料的比例，调配过程中要搅拌均匀，黏稠度要大。待调配完成后便可以工艺缺陷修整。修整后，通过打磨基本上可以弥补上述工艺缺陷，从而保证面漆成型后的质量需求。

（五）喷涂中间涂层

喷涂中间涂层是漆面形成的又一重要过程。该过程主要是满足漆膜成型厚度要求，在喷涂中间涂层时要选用与面层同系列的中间涂层漆，也可用面漆进行喷涂。如果要追求高质量涂层效果，就必须增加中间涂层的喷涂遍数，根据油漆种类的不同一般喷涂 2 ～ 3 遍即可达到漆膜成型厚度。此外，在喷涂时应特别注意层间漆膜的干燥时间，如果漆膜未达到表干即进行下一遍喷涂，则会出现夹漆现象，影响漆膜成型质量。

（六）二次打磨

二次打磨是每喷涂一遍中间涂层后所要进行的工序。该工序主要是通过打磨的形式调整漆膜的均匀度，清除面层上细微的工艺缺陷及喷漆过程中气流中夹带的粉尘和颗粒物，从而使每次喷涂的漆膜达到最佳。

（七）喷涂面漆

喷涂面漆是喷漆工艺最后一道工序。首先要确认上述工序有无遗漏之处，确认无误后方可进行面漆的喷涂。喷涂面漆要格外细致，尤其是立体造型阴、阳角部位与外轮廓边缘部位面漆的覆涂。同时还要加大喷枪与被喷物体的距离，使面漆涂层呈亚光效果。喷涂结束后，要将完成物体放置于通风干燥处固化，固化时间要大于所使用油漆的实干时限，从而确保面层最终的成型效果。

总之，建筑模型的喷漆工艺与常规的喷漆工艺工序有所不同，其根本在于在建筑模型制作中对于喷漆工艺的利用，只是追求涂饰面层的色彩表达和视觉仿真效果。根据这一宗旨，作为模型制作者除了要掌握上述的建筑模型喷漆工艺工序外，还要根据建筑模型造型的多变性及色彩成型工艺要求在具体喷漆过程中调整制作工序。除此之外，模型制作者还要掌握面层成型后漆膜常见的各种工艺缺陷、成因及修补工艺。

在建筑模型色彩面层喷涂工艺环节中，一般常见的面层工艺缺陷有下列几种：

1. 色彩均匀度差

视觉表象（图 139）：面层漆膜成型后，漆膜的局部呈现色彩不均匀、色相混杂。

成因分析：

（1）喷涂设备重复使用时未清洗干净；

（2）使用不同系列的单色漆或色母调制复色漆时，色母混融性差；

（3）所用的溶剂溶解力不强或喷涂前未对油漆进行充分搅拌。

2. 流挂

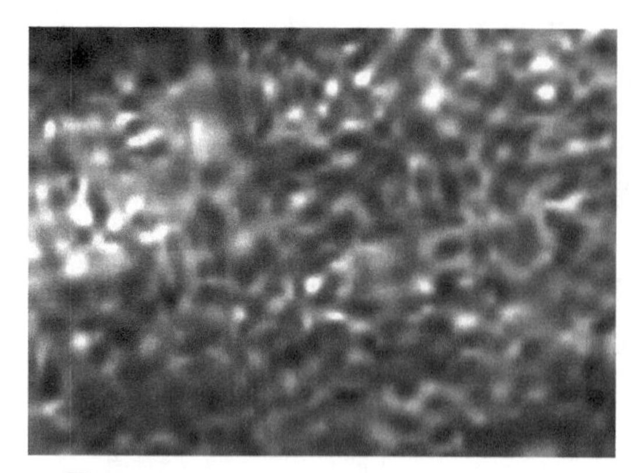

◀ 图 139 ▶

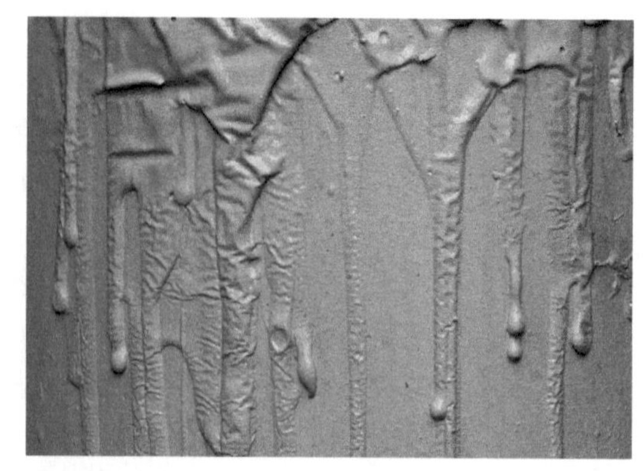

◀ 图 140 ▶

视觉表象（图 140）：在喷漆过程中或面层漆膜成型时，漆膜局部或边缘处呈现过厚现象，出现下流。

成因分析：

（1）添加过量稀释剂，使漆料的黏稠度降低；

（2）喷枪移动速度过慢，一次性喷涂的漆膜过厚；

（3）重复喷涂过程间隔时间过短，漆膜未充分固化即进行覆涂。

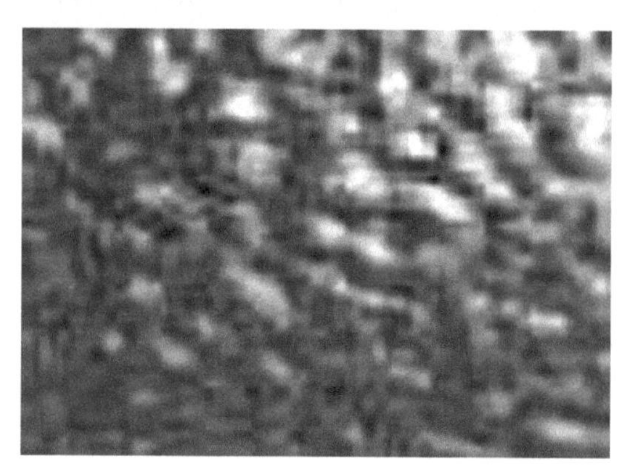

◀ 图 141 ▶

3. 橘皮

视觉表象（图 141）：面层漆膜成型后，漆膜呈现橘皮状面层。

成因分析：

（1）喷枪喷嘴束、压缩空气压力调节不当；

（2）漆料与稀释剂配比不当，黏稠度过大，影响漆膜流平；

（3）漆内组份严重沉淀，喷涂前未进行充分搅拌，喷涂后各组份干燥不均。

通过以上列举、分析与归纳，这些工艺缺陷的产生都与漆料和辅料的配比及喷涂的方法有关。因此，模型制作人员在具体操作时，一定要根据所使用漆料的类型严格地进行漆料组份配比。同时，根据被喷涂物体造型选择最佳的喷涂方式，要严格地按喷涂工艺要求去操作。只有这样，才能确保面漆涂层成型后的色相、色度及饱和度均达到预期视觉效果。从而快捷、高效、高仿真地完成建筑模型的色彩面层制作。

# 第十章

# ——建筑模型底盘、地形、道路的制作——

## 第一节　建筑模型底盘制作

底盘是建筑模型的一部分。底盘的大小、材质、风格直接影响建筑模型的最终效果。建筑模型的底盘尺寸一般根据建筑模型制作范围和下列两个因素确定：

1. 模型标题的摆放和内容

建筑模型的标题一般摆放在模型制作范围内，其内容详略不一。所以在制作模型底盘时，应根据标题的具体摆放位置和内容详略进行尺寸的确定。

2. 模型类型和建筑主体量

规划模型一般是建筑物的外边界线与底盘边缘不小于 10cm。如果盘面较大，可增加其外边界线与底盘边缘间的尺寸。单体模型应视其高度和体量来确定主体与底盘边缘的距离。总之，要根据制作的对象来调整底盘的大小，这样才能使底盘和盘面上的内容更加一体化。

制作底盘的材质，应根据制作模型的大小和最终用途而定。

目前，大家通常选用制作底盘的材质是轻型板、三合板、多层板等。

一般作为学生课程作业或工作模型，在制作底盘时，要简洁，可以选用一些轻型板（KD 板）、密度板，按其尺寸切割后即可使用。作为报审展示的建筑模型的底盘就要选用一些材质好，且有一定强度的材料制作，一般选用的材料是多层板或有机玻璃板。

多层板底盘的制作方法：

多层板是由多层薄板加胶压制而成，具有较好的强度。所以，一般较小的底盘就可以直接按其尺寸切割，而后镶上边框即可使用。如果盘面尺寸较大，就要在板后用木方进行加固，用木方加固时，选用的木材最好是白松。因为白松含水率较小，不易变形。其具体方法是先用 30mm × 30mm 木方钉成一个木框，根据盘面的尺寸添加横竖木带，把它分隔成若干个方格，一般方格大小为 500mm × 500mm 为宜。待木框钉成后刷上白乳胶，将多层板钉在木框上放置于平整处干燥 12h 后，镶上边框即可使用。

目前，边框的制作方法有很多种。比较流行的有两种：

1. 用直角木线外包波音片制作边框

用直角木线外包波音片制作边框（图 142）看上去比较清秀、简洁。其具体做法是，先测量底盘的厚度，然后根据底盘厚度，加工制作若干条木线，木线高要比底盘厚度高

◀ 图 142 ▶

出 10 ~ 15 mm（视其底盘大小），同时，剪裁出与底盘周边长度相对应的若干条波音片。在一切准备就绪后先封边框。封边框时，木线内要涂抹一定量乳胶，木线下边缘要与底盘的下边缘靠齐，并用木钉固定。依次类推。待全部围合后进行干燥。干燥后便可以用波音片粘贴边框面层。使用波音片粘贴时不需要另准备胶粘剂。因为，波音片自带背胶，使用时撕掉覆背纸即可粘贴。粘贴时，要注意面的平整性，转折处要棱角分明。粘贴后，用手再次挤压粘面，使其面层更加牢固、平整。如发现粘贴面有气泡，可用针穿透面层将气排出。经过修整，一个完整的边框就制作完成了。

2. 用木边外包 ABS 板制作边框

用这种方法制作的边框（图 143）形式各异，而且色彩效果可根据制作者的想法进行。其具体做法是，先用木条刨出所需要的边框，然后镶于底盘上。待此道工序完成后，便可用 ABS 板包外边。ABS 板与木板粘接时，可选用 101 胶。此种胶粘接速度快，强度高（具体操作方法详见 101 胶说明书）。在用 ABS 板包边时，应先从盘基开始向外依次粘贴，遇面与面转折缝口不要进行对接，因为对接缝容易产生接口不严，所以一般面与面转折时，最好采用边对面的粘接形式。在边框转角应采用 45° 角对接。接口处一定要注意不要产生阴缝。待整个边框粘接好后，为了保证接缝处牢固，还可用 502 胶灌注一遍，然后，放置于通风处干燥 24h 便可进行修整、打磨。在打磨时，可先用刀子将接口处多余的毛料切削下去，然后用锉刀磨平。使用锉刀最好选用中粗锉，而且用力要均匀，以防止 ABS 板留下明显痕迹。用锉刀打磨基本平整后，还要用砂纸最后进行打磨。在选用砂纸时最好选用木工砂纸，因为 ABS 板涩而软，砂纸过细起不到打磨作用，过粗会留下明显痕迹。所以，选择的砂纸一定要适中。另外用砂纸打磨时，应将砂纸裹于一块木方上，这样打磨可以保证局部的平整性。在打磨完后，若有局部接缝

◀ 图 143 ▶

处仍不严时，还可以用腻子进行填补、打磨。待上述工序全部完成后，将粉末清除，即可进行喷色。

## 第二节 建筑模型地形制作

建筑模型地形是继模型底盘完成后的又一道重要制作工序。建筑模型地形的处理，要求模型制作者要有高度的概括力和表现力，同时还要辩证地处理好与建筑主体的关系。

建筑模型地形从形式上一般分为平地和山地两种。

平地地形没有高差变化，一般制作起来较为容易；而山地地形则不同，因为，它受山势、高低等众多无规律变化的影响而给具体制作带来很多的麻烦。因此，一定要根据图纸及具体情况，先策划出一个具体的制作方案。在策划制作具体方案时，一般要考虑如下几个方面。

### 一、表现形式

山地地形的表现形式有两种：即具象表现形式和抽象表现形式。

在制作山地地形时，表现形式一般根据建筑主体的形式和表示对象等因素来确定。一般用于展示的模型其主体较多地采用具象表现形式，并且它所涉及的展示对象是社会各阶层人士。所以，制作这类模型的山地地形较多地采用具象形式来表现。这样，一方面可以使地形与建筑主体的表现形式融为一体；另一方面可以迎合诸多观赏者的口味。

那么，对于用抽象的手法来表示山地地形，不仅要求制作者要有较高的概括力和艺术造型能力，而且还要求观赏者具有一定的鉴赏力和建筑专业知识。因为，只有这样才能准确地传递建筑语言，才能领略其模型的形式美。所以，在制作山地地形时，一般对于制作经验不多的制作者来说不应轻易地采用抽象手法来表现山地地形。

## 二、材料选择

选材是制作山地地形时一个不可忽视的因素。

在选材时，要根据地形和高差的大小而定。这是因为就其山地地形制作的实质而言，它是通过材料堆积而形成的。比例、高差越大，材料消耗越大；反之，比例、高差越小，材料消耗越小。若材料选择不当，一方面会造成不必要的浪费；另一方面会给后期制作带来诸多不便因素。所以，在制作山地地形时，一定要根据地形的比例和高差合理地选择制作材料。

## 三、制作精度

山地地形制作时，其精度应根据建筑物的主体的制作精度和模型的用途而定。

作为工作模型，它是用来研究方案，并非作为展示而用。所以，一般山地地形只要山地起伏及高度表示准确就可以了，无须做过多的修饰。

作为展示模型，除了要把山地的起伏及高程准确地表现出来外，还要在展示时给人们一种形式美。在制作展示模型的山地地形时，一定要掌握它的制作精度。这里应该指出，制作山地地形并非越细腻越好，而是应该结合建筑主体风格、体量及制作精度考虑。总而言之，山地地形在整个模型中属次要方面，在掌握制作精度时切不可以喧宾夺主。

另外，制作山地地形还应结合绿化来考虑。有时刻意雕琢的山地地形，通过绿化后，裸露的地形已寥寥无几了。所以把绿化因素考虑进去会免去做很多的无用功。

# 第三节　山地地形制作方法

山地地形制作有很多种方法，本节将介绍一种简单易行的堆积制作法。具体做法是，先根据模型制作比例和图纸标注的等高线高差选择好厚度适中的聚苯乙烯板、纤维板、软木等轻型材料（图 144），然后，将需要制作的山地等高线描绘于板材上并进行切割（图 145）。切割后，便可按图纸进行拼粘。若采用抽象的手法来表现山地，待胶液干燥后，稍加修整即可成型（图 146）。如采用具象的手法来表现山地，待胶液干燥后，再用纸黏土进行堆积（图 147）。堆积时要特别注意山地的原有形态，切不可堆积成“馒头”状。表现手法要有变化，堆积后，原有的等高线要依稀可见（图 148）。

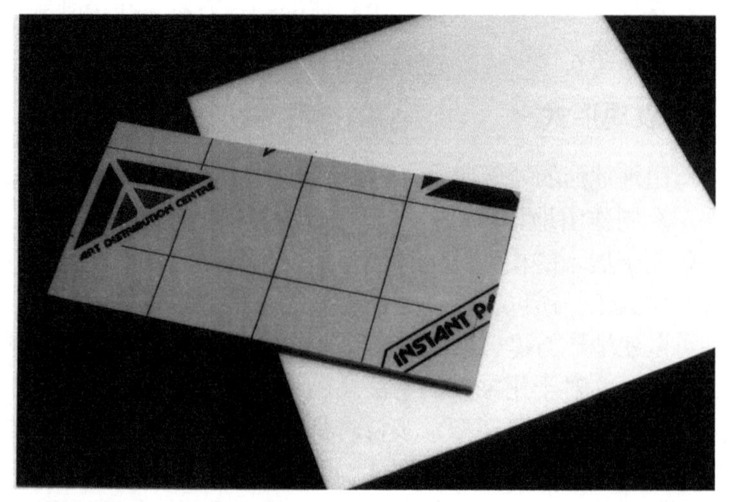


◀ 图 144 ▶

◀ 图 145 ▶

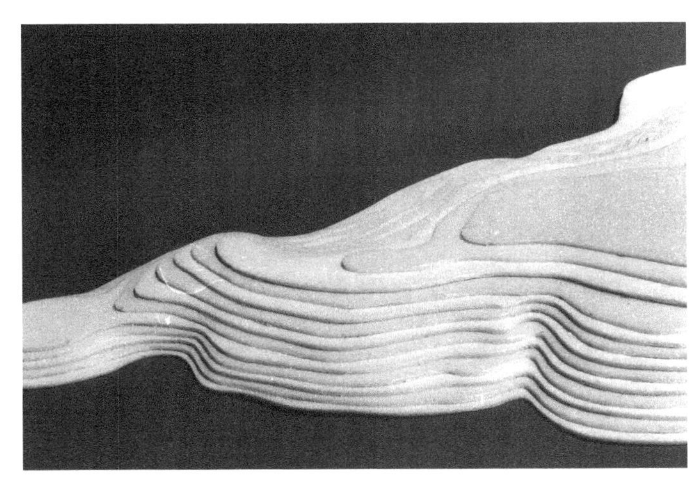

◀ 图 146 ▶

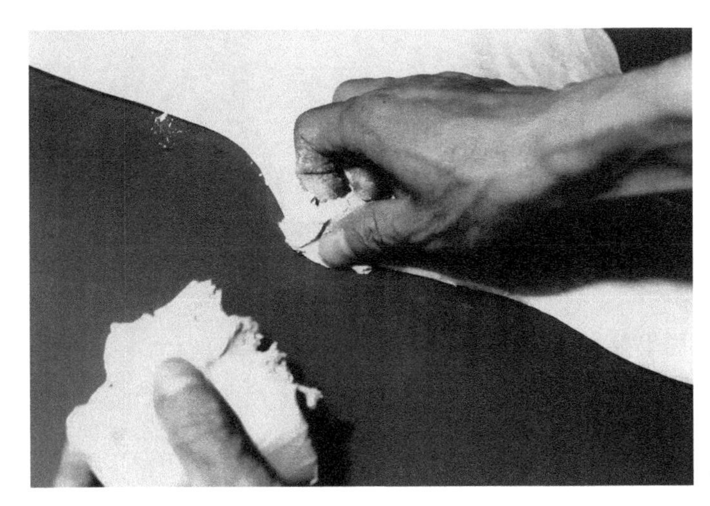

◀ 图 147 ▶

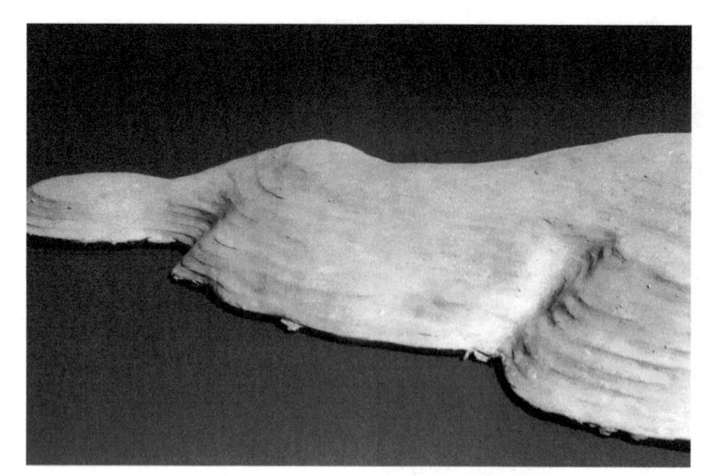

◀ 图 148 ▶

## 第四节　建筑模型道路制作

道路是建筑模型盘面上的一个重要组成部分。

道路在建筑模型中的表现方法不尽相同，它随着比例尺的变化而变化。下面就介绍一下道路的具体制作方法。

### 一、1:1000 ~ 1:2000 建筑模型道路制作方法

1:1000 ~ 1:2000 的建筑模型一般来说，就是指规划类建筑模型。在此类模型中，主要是由建筑物路网和绿化构成。因此，在制作此类模型时，路网的表现要求既简单又明了。在颜色的选择上，一般选用灰色。对于主路、辅路和人行道的区分，要统一地放在灰色调中考虑，用其色彩的明度变化来划分路的分类。

在选用珠光灰或灰色有机玻璃板做底盘时，可以利用底盘本身的色彩做主路，用浅于主路的灰色表示人行道。辅路色彩一般随主路色彩变化而变化。作为主路、辅路和人行道的高度差，在规划模型中是忽略不计的。

在具体操作时，简单易行的制作方法是用灰色及时贴来表示路网。先用复写纸把图纸描绘在模型底盘上（图 149），

◀ 图 149 ▶

然后将表现人行道的灰色及时贴裁成若干条，宽度宽于要表现的人行道宽度。因为待人行道贴好后，上面还要压贴绿地，为了接缝的严密，一般采用压接方法。所以，人行道要宽于实际宽度。待准备工作完毕后，就可按照图纸的实际要求进行粘贴（图 150）。

粘贴时，一般先不考虑路的转弯半径，而是以直路铺设为主，转弯处暂时处理成直角。待全部粘贴完毕后，再按其图纸的具体要求进行弯道的处理（图 151）。

在选用 ABS 板做贴面的底盘时，先用复写纸把图纸描绘在模型底盘上，然后将主路、辅路和人行道依次用美纹胶纸或及时贴镂空遮挡粘贴，用不同色度的灰漆作喷色处理。用此种方法制作路网时，特别要注意美纹胶纸或及时贴胶的黏度，做二次遮挡时，不要破坏已制作好的面层。

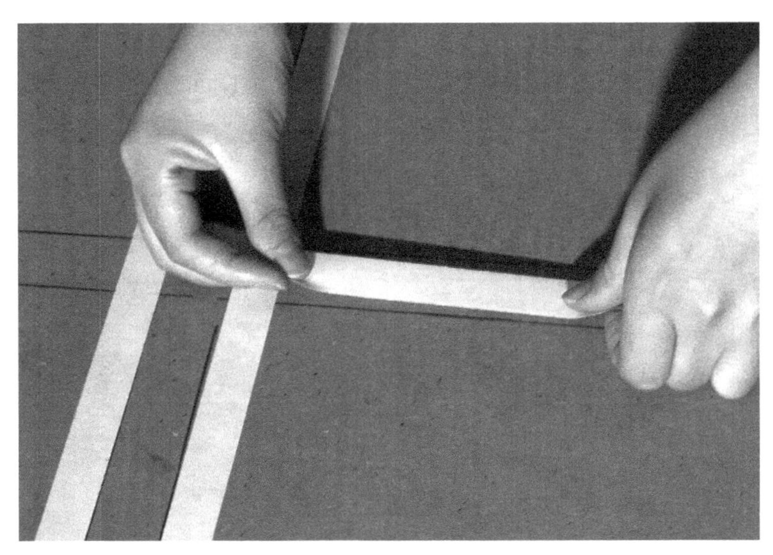

◀ 图 150 ▶

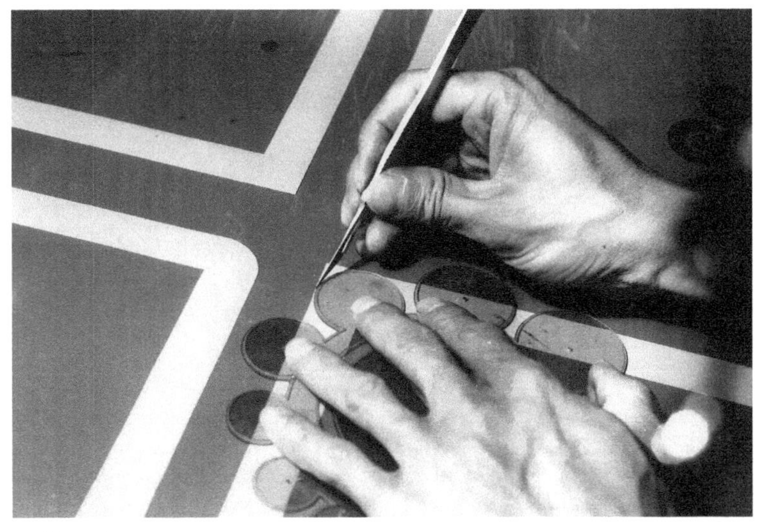

◀ 图 151 ▶

## 二、1:300 以上的建筑模型道路的制作方法

1:300 以上的建筑模型主要是指展示类单体或群体建筑的模型。在此类模型中，由于表现深度和比例尺的变化，在道路的制作方法上与前者不同。在制作此类模型时，除了要明确示意道路外，制作时，还要把道路的高差反映出来。

在制作此类道路时，可用 0.3 ~ 0.5mm 的 PVC 板或 ABS 板作为制作道路的基本材料。具体制作方法是：首先按照图纸将道路形状描绘在制作板上，然后用剪刀或刻刀将道路准确地剪裁下来(图 152)，并用酒精清除道路上的画痕。同时，用选定好的自喷漆进行喷色(图 153)。喷色后即可进行粘贴。

粘贴时可选用喷胶、三氯甲烷或 502 胶为胶粘剂。在具体操作时，应特别注意粘接面，胶液要涂抹均匀，粘贴时道路要平整，边缘无翘起现象。如道路是拼接的，特别要注意接口处的粘接。粘接完毕后，还可视其模型的比例及制作的深度，考虑是否进行路牙的镶嵌等细部处理。

◀ 图 152 ▶

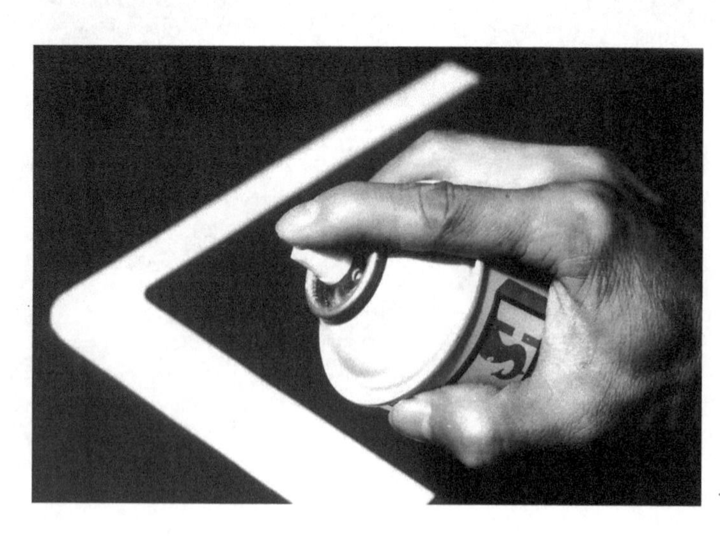

◀ 图 153 ▶

# 第十一章

# 建筑模型配景制作

## 第一节　建筑模型绿化制作

在建筑模型中，除建筑主体、道路、铺装处，大部分面积属于绿化范畴。

绿化形式多种多样，其中包括：树木、树篱、草坪、花坛等。因此，它的表现形式也不尽相同。就其绿化的总体而言，既要形成一种统一的风格，又不要破坏与建筑主体间的关系。

用于建筑模型绿化的材料品种很多，常用的有植绒纸、及时贴、大孔泡沫、绿地粉等。目前，市场上还有各种成型的绿化材料。但因受其种类与价格等因素的制约，而未被广大制作者接受。

上面只是介绍了一般常用的绿化材料，其实在生活中的很多物品，甚至是废弃物，通过加工，也可以成为绿化的材料。

下面介绍几种常用的绿化形式和制作方法。

### 一、绿地

绿地在整个盘面所占的比重是相当大的。在选择绿地颜色时，要注意选择深绿、土绿或橄榄绿较为适宜。因为，选择深色调的色彩显得较为稳重，而且还可以加强与建筑主体、绿化细部间的对比。所以，在选择大面积绿地颜色时，一般选用的是深色调。

但这里也不排除为了追求一种形式美而选用浅色调的绿地。在选择大面积浅色调绿地颜色时，应充分考虑与建筑主体的关系。同时，还要通过其他绿化配景来调整色彩的稳定性，否则将会造成整体色彩的漂浮感。

另外，在选择绿地色彩时，还可以视其建筑主体的色彩，采用邻近色的手法来处理。如建筑主体是黄色调时，可选用黄褐色来处理大面积绿地，同时配以橘黄或朱红色的其他绿化配景。采用这种手法处理，一方面可以使主体和环境更加和谐；另一方面还可以塑造一种特定的时空效果。

绿地虽然占盘面的比重较大，但在色彩及材料选定后，制作方法也较为简便。

首先，按图纸的形状将若干块绿地剪裁好。如果选用植绒纸做绿地时，一定要注意材料的方向性。因为植绒纸方向不同，在阳光的照射下，则呈现出深浅不同的效果。所以，使用植绒纸时一定要注意材料的方向性。

待全部绿地剪裁好后，便可按其具体部位进行粘贴。在选用及时贴类材料进行粘贴时，一般先将一角的覆背纸揭下进行定位，并由上而下地进行粘贴。粘贴时，一定要把气泡挤压出去。如不能将气泡完全挤压出去，不要将整块绿地揭下来重贴。因为及时贴属塑性材质，下揭时，用力不当会造成绿地变形。所以，遇气泡挤压不尽时，可用大头针在气泡处刺上小孔进行排气，这样便可以使粘贴面保持平整。

在选用仿真草皮或纸类做绿地进行粘贴时，要注意胶粘剂的选择。如果是往木质或纸类的底盘粘贴，可选用白乳胶或喷胶；如果是往有机玻璃板底盘上粘贴，则选用喷胶或双面胶带。在用白乳胶进行粘贴时，一定要注意将胶液稀释后再用。在选用喷胶粘贴时，一定要选用 77 号以上的高黏度喷胶，切不可选用 77 号以下低黏度喷胶。

此外，现在还比较流行的是用喷漆的方法来处理大面积绿地，此种方法操作较为复杂。首先，要选择好合适的喷漆。一般选择的是自喷漆，因为自喷漆操作简便。其次要按绿地具体形状，用遮挡膜对不作喷漆的部分进行遮挡。遮挡膜选择要注意选择弱胶类，以防喷漆后揭膜时，破坏其他部分的漆面。

另一种是先用厚度为 0.5mm 以下的 PVC 板或 ABS 板，按其绿地的形状进行剪裁，然后再进行喷漆，待全部喷完干燥后进行粘贴。此种方法适宜大比例模型绿地的制作。因为这种制作方法可以造成绿地与路面的高度差，从而更形象、逼真地反映环境效果。

## 二、山地绿地

山地绿化与平地绿化的制作方法不同。平地绿化是运用绿化材料一次剪贴完成的。而山地绿化，则是通过多层制作而形成的。

山地绿化的基本材料常用自喷漆、绿地粉、胶液等。具体制作方法是：先将堆砌的山地造型进行修整，修整后用废纸将底盘上不需要做绿化的部分，进行遮挡并清除粉末。然后，用绿色自喷漆作底层喷色处理。底层绿色自喷漆最好选用深绿色或橄榄绿色。喷色时要注意均匀度。待第一遍漆喷完后，及时对造型部分的明显裂痕和不足进行再次修整。修整后再进行喷漆。待喷漆完全覆盖基础材料后，将底盘放置于通风处进行干燥，待底漆完全干燥后，便可进行表层制作。表层制作的方法是：先将胶液（胶水或白乳胶）用板刷均匀涂抹在喷漆层上，然后将调制好的绿地粉均匀地撒在上面。在铺撒绿地粉时，可以根据山的高低及朝向做些色彩的变化。在绿地粉铺撒完后，可进行轻轻的挤压。然后，将其放置一边干燥。干燥后，将多余的粉末清除，对缺陷再稍加修整，即可完成山地绿化。

## 三、树木

树木是绿化的一个重要组成部分。在大自然中，树木的种类、形态、色彩千姿百态。要把大自然的各种树木浓缩到不足盈尺的建筑模型中，这就需要模型制作者要有高度的概括力及表现力。

笔者认为，制作建筑模型的树木有一个基本的原则，即似是非是。换言之，在造型上，要源于大自然中的树；在表现上，要高度概括。就其制作树的材料而言，一般选用的是泡沫、干花、纸张等。

（一）用泡沫塑料制作树的方法

制作树木的泡沫塑料，一般分为两种。一种是一般常见的细孔泡沫塑料，也就是俗称的海绵。这种泡沫塑料密度较大，孔隙较小，此种材料制作树木局限性较大。另一种是模型制作者常说的大孔泡沫塑料，其密度较小，孔隙较大，是制作树木的一种较好材料。

上述两种材料在制作树木的表现方法上有所不同。一般可分为抽象和具象两种表现方式。

树木抽象的表现方法：一般是指通过高度概括和比例尺的变化而形成的一种表现形式。在制作小比例尺的树木时，我们常把树木的形状概括为球状与锥状，从而区分阔叶与针叶的树种。

在制作阔叶球状树时，常选用大孔泡沫塑料。大孔泡沫塑料孔隙大，蓬松感强，表现效果强于细孔泡沫塑料。在具体制作中，首先将泡沫塑料按树冠的直径剪成若干个小方块（图 154），然后修其棱角，使其成为球状体（图 155），再通过着色就可以形成一棵棵树木。有时为了强调树的高度感，还可以在树球下加上树干。

◀ 图 154 ▶

◀ 图 155 ▶

在制作针叶锥状树时，常选用细孔泡沫塑料。细孔泡沫塑料孔隙小，其质感接近于针叶树的感觉。另外，这种树木常与树球混用。所以，采用不同质感的材料，还可以丰富树木的层次感。在制作时，一般先把泡沫塑料进行着色处理，颜色要重于树球颜色，然后用剪刀剪成锥状体即可使用（图 156）。

◀ 图 156 ▶

树木的具象表现方法：所谓具象实际上是指树木随模型比例的变化和建筑主体深度的变化而变化的一种表现形式。在制作 1 ： 300 以上大比例的模型树木时，绝不能以简单的球体或锥体来表现树木，而是应该随着比例尺以及模型深度的改变而改变。

在制作具象的阔叶树时，一般要将树干、枝、叶等部分表现出来。制作时，先将树干部分制作出来。制作方法是，将多股电线的外皮剥掉，将其裸铜线拧紧，并按照树木的高度截成若干节，再把上部枝杈部位劈开（图 157），树干就制完了。然后将所有的树干部分统一进行着色。树冠部分的制作，一般选用细孔泡沫塑料。在制作时先进行着色处理，染料一般采用广告色或水粉色（图 158）。着色时可将泡沫塑料染成深浅不一的色块。干燥后进行粉碎，粉碎颗粒可大可小。然后将粉末放置在容器中，将事先做好的树干上部涂上胶液（图 159），再将涂有胶液的树干部分在泡沫塑料粉末中搅拌（图 160），待涂有胶部分粘满粉末后，将其放置于一旁干燥。胶液完全干燥后，可将上面沾有的浮粉末吹掉，并用剪子修整树形（图 161），整形后便可完成此种树木的制作（图 162）。

◀ 图 157 ▶

◀ 图 158 ▶

◀ 图 159 ▶

◀ 图 160 ▶

◀ 图 161 ▶

◀ 图 162 ▶

在制作此类树木时，应该注意以下两点：

（1）在制作枝干部分时，切忌千篇一律；

（2）在涂胶液时，枝干部分的胶液要涂得饱满些，沾粉末后会使树冠显得比较丰满。

在制作针叶树木时，可选用毛线与铁丝作为基本材料。在具体制作时，先将毛线剪成若干段，长度略大于树冠的直径。然后再用数根细铁丝拧合在一起作为树干。在制作树冠部分时，可将预先剪好的毛线夹在中间继续拧合。当树冠部分达到高度要求后，用剪刀将铁丝剪断，然后再将缠在铁丝上的毛线劈开，用剪刀修成树形即成。

此外，用泡沫塑料也可以制作此类树木。具体制作方法和步骤与制作阔叶树木一样。但不同的是树冠直径较大，可先用泡沫塑料做成一个锥状体的内芯，然后蘸胶液贴上一定厚度粉末，这样制作比较容易掌握树的形状。

（二）用干花制作树的方法

在用具象的形式表现树木时，使用干花作为基本材料制作树木是一种非常简便且效果较佳的方法。

干花是天然植物经脱水和化学处理后形成的一种植物花，其形状各异。

在选用干花制作时，首先要根据建筑模型的风格、形式，选取一些干花作为基本材料（图163），然后用细铁丝进行捆扎。捆扎时应特别注意树的造型，尤其是枝叶的疏密要适中。捆扎后，再人为地进行修剪（图164）。如果树的色彩过于单调，可用自喷漆喷色，喷色时应注意喷漆的距离，保持喷漆呈点状散落在树枝叶上。这样处理能丰富树的色彩，视觉效果非常好（图165）。

另外，干花用于处理室内模型环境时，寥寥数笔的点缀，便可以使人产生一种温馨的感觉，极富感染力。总之，这种干花虽然在品种、色彩上有其局限性，但只要表现手法得当，便能收到事半功倍的效果。

（三）用纸制作树的方法

利用纸板制作树木是一种比较流行且较为抽象的表现方法。在制作时，首先选择好纸的色彩和厚度，最好选用带有肌理的纸张。然后，按照尺度和形状进行剪裁。这种树一般是由两片纸进行十字插接组合而成（图166、图167）。为了使树体大小基本一致，我们在形体确定后，可制作一个模板，进行批量制作。这样才能保证树木的形体和大小整齐划一。

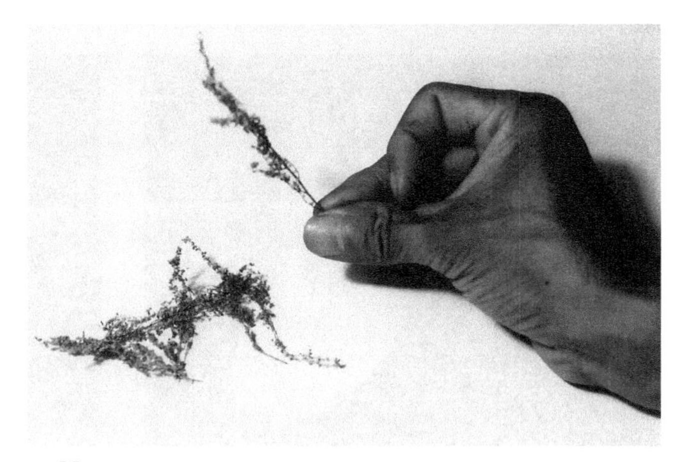

◀ 图 163 ▶

◀ 图 164 ▶

◀ 图 165 ▶

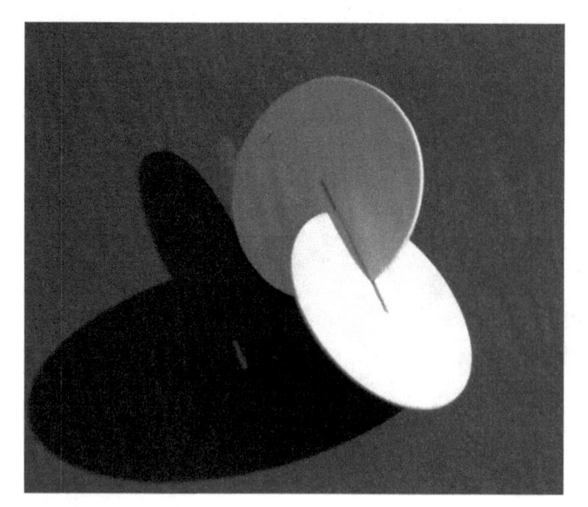

◀ 图 166 ▶

◀ 图 167 ▶

## 四、树篱

树篱（图 168）是由多棵树木排列组成，通过剪修而成型的一种绿化形式。

在表现这种绿化形式时，如果模型的比例尺较小，可直接用渲染过的泡沫或面洁布，按其形状进行剪贴即可。模型比例尺较大时，在制作中就要考虑它的制作深度与造型和色彩等。

在具体制作时，需要先制作一个骨架，其长度与宽度略小于树篱的实际尺寸。然后将渲染过的细孔泡沫塑料粉碎。粉碎时，颗粒的大小应随模型尺度而变化。待粉碎加工完毕后，将事先制好的骨架上涂满胶液，用粉末进行堆积。堆积时，要特别注意它的体量感。若一次达不到预期的效果，可待胶液干燥后，按上述程序重复进行。

◀ 图 168 ▶

## 五、树池花坛

树池和花坛（图 169）也是环境绿化中的组成部分。虽然面积不大，但处理得当，则起到画龙点睛的作用。

制作树池和花坛的基本材料，一般选用绿地粉或大孔泡沫塑料。

◀ 图 169 ▶

在选用绿地粉制作时，先将树池或花坛底部用白乳液或胶水涂抹，然后撒上绿地粉。撒完后，用手轻轻按压。按压后，再将多余部分处理掉。这样便完成了树池和花坛的制作。这里应该强调指出的是，选用绿地粉色彩时，应以绿色为主，加少量的红黄粉末，从而使色彩感觉上更贴近实际效果。

在选用大孔泡沫塑料制作时，先将染好的泡沫塑料块撕碎，然后沾胶进行堆积，即可形成树池或花坛。色彩表现一般有两种表现形式：

（1）由多种色彩无规律地堆积而形成；

（2）表现形式是自然退晕，即用黄逐渐变换成绿，或由黄到红等逐渐过渡而形成的一种退晕表现方法。

另外，处理外边界线的方法和用绿地粉处理截然不同。用大孔泡沫塑料进行堆积时，外边界线要自然地处理成参差不齐的感觉，这样处理的效果更自然、别致。

## 第二节　其他配景制作

### 一、水面

水面（图 170）是各类建筑模型中，特别是景观模型环境中经常出现的配景之一。

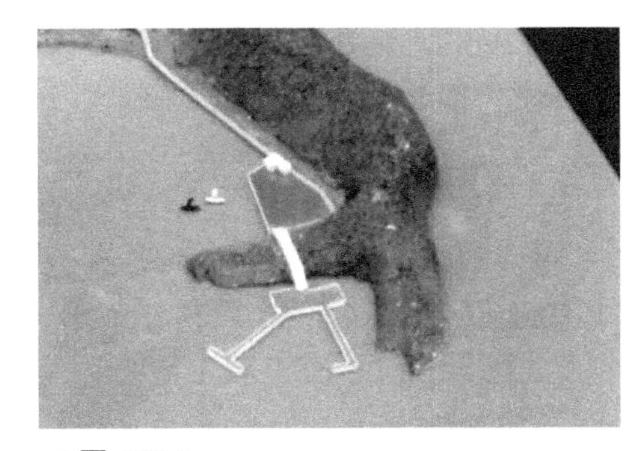

◀ 图 170 ▶

作为水面的表现方式和方法，应随建筑模型的比例及风格变化而变化。在制作建筑模型比例尺较小的水面时，水面与路面的高差可忽略不计，可直接用蓝色及时贴按其形状进行剪裁。剪裁后，按其所在部位粘贴即可。另外，还可以利用遮挡着色法进行处理。其做法是，先将遮挡膜贴于水面位置，然后进行漏刻。刻好后，用蓝色自喷漆进行喷色。待漆干燥后，将遮挡膜揭掉即可。上述介绍的是两种最简单的制作水面方法。在制作建筑模型比例尺较大的水面时，首先要考虑如何将水面与路面的高差表现出来。一般通常采用的方法是，先将底盘上水面部分进行漏空处理，然后将透明有机玻璃板或带有纹理的透明塑料板按设计高差贴于漏空处，并用蓝色自喷漆在透明板下面喷上色彩即可。用这种方法表现水面，一方面可以将水面与路面的高差表示出来；另一方面透明板在阳光照射和底层蓝色漆面的反衬下，其仿真效果非常好。

### 二、汽车

汽车（图 171）是建筑模型环境中不可缺少的点缀物。汽车在整个建筑模型中有两种表示功能。其一，是示意性功能。即在停车处摆放若干汽车，则可明确告诉对象，此处是停车场。其二，是表示比例关系。人们往往通过此类参照物来了解建筑的体量和周边关系。另外，在主干道及建筑物周围摆放些汽车，可以增强环境效果。但这里应该指出，汽车色彩的选配及摆放的位置、数量一定要合理，否则将适得其反。

目前，作为汽车的制作方法及材料有很多种，一般较为简单的制作方法有两种：

（一）翻模制作法

首先，模型制作者可以将所需制作的汽车，按其比例和车型各制作出一个标准样品。然后，可用硅胶或铅将样品翻制出模具，再用石膏或石蜡进行大批量灌制。待灌制、脱模后，统一喷漆，即可使用。

◀ 图 171 ▶

（二）手工制作法

利用手工制作汽车，首先是材料的选择。如果制作小比例的模型车辆，可用彩色橡皮，按其形状直接进行切割。如果制作大比例汽车，最好选用有机玻璃板进行制作。具体制作时，先要将车体按其体面进行概括。以轿车为例，可以将其概括为车身、车篷两大部分。汽车在缩微后，车身基本是长方形，车篷则是梯形。然后根据制作的比例用有机玻璃板或 ABS 板按其形状加工成条状，并用三氯甲烷将车的两大部分进行粘接。干燥后，按车身的宽度用锯条切开并用锉刀修其棱角。最后进行喷漆即成。若模型制作仿真程度要求较高时，可以在此基础上进行精加工或采用市场上出售的成品模型汽车。

## 三、路灯

在大比例尺模型中，有时，在道路边或广场中制作一些路灯（图 172）作为配景。在制作此类配景物时，应特别注意尺度。此外，还应注意在设计人员没有选形的前提下，制作时还应注意路灯的形式与建筑物风格及周围环境的关系。

◀ 图 172 ▶

在制作小比例尺路灯时，最简单的制作方法是将大头针带圆头的上半部用钳子折弯，然后，在针尖部套上一小段塑料导线的外皮，以表示灯杆的基座部分。这样，一个简单的路灯便制作完成了。

在制作较大比例尺的路灯时，可以用人造项链珠和各种不同的小饰品配以其他材料，通过不同的组合方式，制作出各种形式的路灯。

## 四、公共设施及标志

公共设施及标志是随着模型比例的变化而产生的一类配景。

此类配景物，一般包括路标、围栏、建筑物标志等。下面分别将这几类配景物的表现及制作方法作一介绍。

（一）路牌

路牌（图 173）是一种示意性标志物，由两部分组成。一部分是路牌架，另一部分是示意图形。在制作这类配景物时，首先要按比例以及造型，将路牌架制作好。然后，进行统一喷漆。路牌架的色彩一般选用灰色。待漆喷好后，就可以将各种示意图形贴在牌架上，并将这些牌架摆放在盘面相应的位置上。在选择示意图形时，一定要用规范的图形，若比例不合适，可用复印机将图形缩放至合适比例。

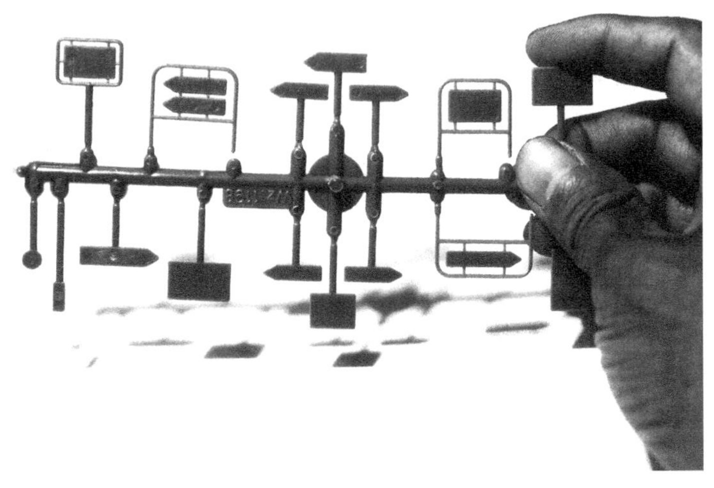

◀ 图 173 ▶

（二）围栏

围栏（图 174）的造型多种多样。由于比例尺及手工制作等因素的制约，很难将其准确地表现出来。因此，在制作围栏时，应加以概括。

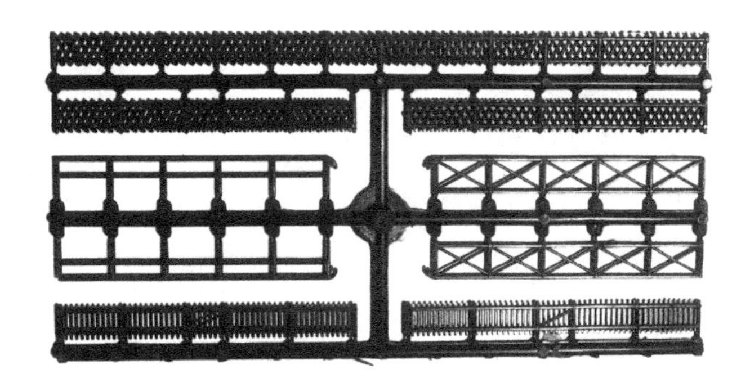

◀ 图 174 ▶

制作小比例的围栏时，最简单的方法是先将计算机内的围栏图像打印出来，必要时也可用手绘。然后将图像按比例用复印机复印到透明胶片上，并按其高度和形状裁下，粘在相应的位置上，即可制作成围栏。

还有一种是利用划痕法制作。首先，将围栏的图形用勾刀或铁笔在1mm的透明有机板上作划痕，然后用选定的广告色进行涂染，并擦去多余的颜色，即可制作成围栏。此种围栏的制作方法在某种意义上说与上述介绍的表现形式差不多，但后者就其效果来看，有明显的凹凸感，且不受颜色的制约。

在制作大比例尺的围栏时，上述的两种方法则显得较为简单。为了使围栏表现得更形象与逼真，可以用金属线材通过焊接来制作围栏。其制作的方法是，先选取比例合适的金属线材，一般用细铁丝或漆包线均可。然后，将线材拉直，并用细砂纸将外层的氧化物或绝缘漆打磨掉，按其尺寸将线材分成若干段，待下料完毕后，便可进行焊接。焊接时，一般采用锡焊，电烙铁选用瓦数较小的。在具体操作时，先将围栏架焊好，然后再将栅条一根根焊上去即可。用锡焊接时，焊口处要涂上焊锡膏，这样能使接点平润、光滑。另外，在焊接栅条时，要特别注意排列整齐。焊接完毕，先用稀料清洗围栏上的焊锡膏，再用砂纸或锉刀修理各焊点，最后进行喷漆。这样便可制作出一组组精细别致的围栏。

还可以利用上述方法来制作扶手、铁路等各种模型配景。

此外，在模型制作中，若要求仿真程度较高时，也不排除使用一些围栏成品部件。

## 五、建筑小品

建筑小品（图175）包括的范围很广，如建筑雕塑、浮雕、假山等。这类配景物在整体建筑模型中所占的比例相当小，但就其效果而言，往往起到了画龙点睛的作用。一般来说，多数模型制作者在表现这类配景时，在材料的选用和表现深度上掌握不准。

◀ 图175 ▶

在制作建筑小品时，在材料的选用上要视表现对象而定。

在制作雕塑类小品时，可以用橡皮、纸黏土、石膏等。这类材料可塑性强，通过堆积、塑型便可制作出极富表现力和感染力的雕塑小品。

如制作假山类小品，可用碎石块或碎有机玻璃块，通过粘合、喷色，便可制作形态各异的假山。

在表现形式和深度上要根据模型的比例和主体深度而定。一般来说，在表现形式上要抽象化。因为，这类小品的物象是经过缩微的，没有必要、也不可能与实物完全一致。有时，这类配景过于具象往往会引起人们视觉中心的转移。同时，也不免产生几分工匠制作的味道。所以，制作建筑小品一定要合理地选用材料，恰当地运用表现形式，准确地掌握制作深度。只有做到三者的有机结合，才能处理好建筑小品的制作，同时达到预期的效果。

## 六、标盘、指北针、比例尺

标盘、指北针、比例尺是建筑模型制作的又一重要组成部分。标盘用以告诉人们建筑模型的主题内容，指北针、比例尺具有示意性功能。三者同时也起着装饰的作用。制作这部分内容时要考虑建筑模型的风格、盘面可以摆放具体内容的大小。标盘、指北针、比例尺既可集中反映，又可分成两部分来处理。模型制作者应该注意的是，无论采用何种形式来制作这部内容，切忌草草了之。标盘、指北针、比例尺制作的好坏，往往影响建筑模型制作的整体效果。下面就介绍几种常见的制作方法。

（一）及时贴制作法

用及时贴制作法来制作标盘、指北针及比例尺是一种简而易行的制作方法。此种制作方法是，先将内容用电脑刻字机加工出来，然后，用转印纸将内容转贴到底盘上。利用此种方法加工制作过程简捷、方便，而且美观、大方。另外，及时贴的色彩种类多样，便于选择。

（二）有机玻璃制作法

用有机玻璃将标盘、指北针及比例尺制作出来，然后将其粘贴在盘面上，这是一种传统的制作方法，这种方法立体感较强、醒目。其不足之处，是由于有机玻璃板原色过纯，往往和盘内颜色不协调。所以，现在很少有人采用此种方法来制作。现在较多地采用透明有机玻璃反面雕刻阴字的制作方法。此种制作方法视觉效果很好，具有很强的立体感及艺术性。

（三）腐蚀板制作法

腐蚀板制作法是一种以 1.0 ～ 1.5mm 厚的不锈钢、铜板作基底，用腐蚀工艺进行加工制作的方法。此种方法是先用光刻机将内容复制在板材上，然后用化工原料（不锈钢用盐酸、铜板用三氯化铁）腐蚀，腐蚀后再作面层效果处理。面层效果有抛光、拉丝、喷砂三种不同工艺。进行完面层工艺加工后，镀膜防止氧化。在上述加工工艺处理后，对已腐蚀的文字内容涂漆，干燥后，即可得到精美的文字标盘。

（四）雕刻制作法

雕刻制作法是以双色板为基底，用雕刻机完成加工制作的一种方法。具体制作方法是先用计算机将图文录入、编辑，然后将可加工数据传入铣雕系统进行雕刻加工。加工后，面层与基底色形成具有凹凸效果的双色图文内容。同时，还可以通过涂抹颜色的方法，添加若干种色彩。

以上介绍的几种加工制作方法加工工艺不同，制作时需要一些专业加工设备。如果没有专业加工制作部门，则需委托具有相关加工设备的制作单位进行加工制作。

总之，标盘、指北针、比例尺这部分内容无论如何组合或采用何种方法来加工制作，图文内容要简明扼要、排列合理，大小要适度，切忌喧宾夺主。

# 第十二章

# 建筑模型摄影

建筑模型摄影是根据特定的对象利用摄影进行成果展示和资料保存的一种重要手段。

建筑模型摄影与一般摄影有所不同，它是以建筑模型为特定的拍摄对象。因此，无论是摄影器材的配置，构图的选择，拍摄的视角，光源的使用及背景的处理都应以特定的拍摄对象进行选取。

## 第一节　摄影器材

摄影器材是照相机、镜头及相关附件的统称。照相机与镜头是摄影器材中两大主要器械。目前所使用的照相机根据成像介质的不同可分为两大类。一类是胶卷照相机，如图 176 左所示；另一类是数码照相机，如图 176 右所示。胶片照相机是一种利用光学成像原理形成影像，以胶片为存储介质，通过化学方法将影像记录的设备。数码照相机是一种利用光学成像原理形成影像，以传感器为存储介质，通过光电图像信号的转换将影像记录的设备。胶片照相机和数码照相机在工作原理上并没有太大的区别，二者只是在存储介质和图像获取方式上有所区别。在拍摄建筑模型影像资料时，究竟使用哪类照相机作影像资料的留存，还要根据影像资料的最终用途而定。

◀ 图 176 ▶

摄影照相机镜头（图 177）的配置也是留存高品质建筑模型影像资料的一个重要因素。在利用单反照相机进行常规拍摄时，一般使用标准镜头即可。但有时由于拍摄条件的限制和追求特殊（图 177）的拍摄效果，可以配置微距镜头、广角镜头和变焦镜头，从而满足不同的拍摄需求。另外，还有两种专业照相机镜头。一种是 PC 镜头（透视控制镜头），如图 177 左所示。这种镜头是建筑摄影的专业镜头，在调焦时，通过镜头的位移或旋转来改变影像的透视效果，将三维的拍摄对象还原成二维的影像。另一种是探头式镜头。在建筑模型拍摄时，镜头是通过软管将镜头与相机连接，镜头可以摆在放底盘内任何一个狭小的区域内，选取任意角度进行拍摄。

◀ 图 177 ▶

此外，为了满足不同的拍摄手段与拍摄方式的需求，还应具备：三脚架、照明灯具、背景布及反光板等辅助器材。

## 第二节　构图

建筑模型摄影构图是建筑模型拍摄过程中的首要环节。能否将建筑模型原型、色彩、空间关系完美地记录在二维平面画面中，相当一部因素取决于构图。

在建筑模型摄影构图时，主要是根据拍摄主体对象，即具有三度空间的单体或群体建筑模型来进行构思。在构图中一般以三分法为构图原则，即将画面横、纵均分三等份，四条线的交汇点是视觉最敏感的位置，在国外又称为“趣味中心点”（图 178），构图应围绕这四点来确认建筑模型应处的位置。同时根据主题表达的需求，对拍摄主体对象进行取舍，从而使要表达的主题得到充分而完美的表达。

◀ 图 178 ▶

## 第三节　拍摄视角

拍摄视角的选择是拍摄建筑模型的主要环节。拍摄视角选择主要是指拍摄方向和摄影点高度的选择。

拍摄方向是指拍摄点相对被摄主体对象的方位。在选择拍摄方向时，要注意建筑模型的特征，要从不同的方位观察主体对象，主要围绕三维整体造型选择最具代表性的、能反映主体对象特征的体与面作为拍摄方向。

摄影点高度是指照相机相对被摄主体对象的水平高度。一般分为：低视点、水平视点和高视点三种拍摄高度。摄影点高度的选择，主要根据建筑模型的类别和主体对象的建筑体量、构成形式来进行。

在拍摄规划模型时，一般选择高视点，以鸟瞰的形式去表达主体对象。其原因在于规划模型是由若干个体块组合成模型整体，高视点拍摄有利于规划模型总体布局的表达。它可以把底盘内建筑群体、建筑环境及空间关系清晰地反映出来，从而使人们能在照片上一览全局。

在拍摄单体或群体模型时，一般选择低视点和高视点进行拍摄。在具体拍摄过程中，视点高度选取一定要根据建筑的体量及形式而定。如果在拍摄建筑屋顶面积比较大、体量较小的主体对象时，可以选择低视点、水平视点拍摄。通过视点降低可减少画面上屋顶的比例，突出建筑主体高度及立面造型设计。反之，在拍摄高层且体面变化较大的建筑物时，可以选择高视点拍摄，这样便可以充分展示建筑的空间关系。

总之，通过视角的选择，同一被摄主体对象，由于拍摄方向和摄影点的不同，画面里会呈现多种形式的影像效果，从而丰富了建筑模型摄影的表达，充分展示建筑设计的内涵及建筑模型的外在表现力。

## 第四节　拍摄光源

建筑模型拍摄光源的选取是强化三维形体和图像光影效果的重要手段（图 179）。一般所采用的光源有两种：一种是利用自然光源进行拍摄；另一种是利用人造光源进行拍摄。

在室外利用自然光源拍摄时，光源主要指太阳，太阳的光照角度、亮度、色彩都会随每日时间变化而产生不同变化，并能直接影响画面中建筑模型的影调及三维空间的表达。在具体拍摄过程中，首先要合理地选择拍摄时间。一般拍摄时间应在早八时至十一时，午后一时至四时，在这两个时间段内，光照充足，建筑模型在强光照射下，色彩明亮、反差大，能充分反映建筑的外部特征和建筑模型整体的三维空间感。在其他时间段，由于受光照及别的因素的影响，都不利于建筑模型的拍摄。

◀ 图 179 ▶

其次，正确地选择光源入射角。在拍摄建筑模型时，选择光源入射角有两种方式，一种是根据光线照射的情况，选择一个最佳的拍摄角度，然后，移动建筑模型进行各个角度的拍摄。另一种是将建筑模型按实际的朝向进行摆放，然后，转换相机位置而进行拍摄。前一种方式是为了突出光影效果，而后一种方式则注重实体空间光照效果。

在室内利用人造光源拍摄时，光源是由若干灯具组成，光的方向与品质是可以通过灯具的布控来进行调节的。作为这类光源的组成一般分为主光和辅光两类。

主光是摄影照明的主要光源，作为主光灯具，一般放在建筑模型的侧面，与被摄物角度控制在 30° ～ 60° 范围内。否则，角度过小，被摄物阴影较大；角度过大，则光线比较平淡。这种光源投射角度实际是模拟自然光源，是拍摄时首先考虑的光线，它形成了画面中建筑模型的光影结构与效果。作为主光在画面上只能有一个，如果画面上同时出现两个或两个以上的主光，画面投影则会影响建筑模型原有造型的表达，严重时建筑模型体面上会出现不规则的高光亮斑。

辅光是主光照明的补充，亦称副光。布光位置一般是在主光的弱侧，其个数、位置的高低与建筑模型的大小及画面拍摄的需求来进行具体布控。辅光用来平衡被摄物明暗两面的亮度差，使暗部形成一定的层次感，体现阴影部分的更多细节，其亮度应低于主光。否则，副光的照射会改变原有的阴影结构，在被摄体上出现明显的辅光投影，从而造成主次颠倒，影响灯光的造型效果。

此外，在室内利用人造光源拍摄建筑模型，特别是拍摄带有大面积反光材料的建筑模型时，要特别注意周围反光物对拍摄的影响。一般来说，室内拍摄时，要将室外投入到室内的光源进行遮挡，同时要清除拍摄周边的反光物，从而避免环境因素所引起的不良效果。

## 第五节　拍摄背景

背景是建筑模型摄影的有机组成部分。虽然不是实体的对象，但能直接影响画面的视觉效果。背景处理是建筑模型拍摄的又一重要环节。背景处理主要是改善原有的拍摄环境，衬托主体，烘托画面气氛。

在拍摄建筑模型时，一般选用单色且质地比较粗糙棉纺类或带有肌理的纸类材料作为背景。这种背景处理方式主要是考虑到单色背景可以回避与主题无关的景物出现在拍摄画面中，质地比较粗糙的棉纺类或带有肌理的纸类材料具有一定的吸光性，在阳光或灯光的照射下，背景材料不会出现反光现象，有利于主体对象的烘托与表达。同时，在选用单一色彩背景时，要充分运用色彩学的基本知识，考虑背景与主体间影调层次、色彩的对比关系和冷暖的互补性等诸要素，从而使画面整体达到均衡与统一。

此外，在建筑模型拍摄中，还可以利用自然景物作为背景。一般常用的背景处理方式有两种:一种是选用绿化环境为背景，即把要拍的建筑模型摆放在绿化环境中进行拍摄。在采用此种背景处理方式时，建筑模型的摆放位置不要紧贴在树篱或花丛上，要拉大被摄物与背景间的距离，在曝光时，一定要加大光圈，使景深变小，从而使背景中的原有实体形态产生虚化，形成单一色调的背景来衬托实体对象。这种背景处理方式能减弱背景中不利因素对主体拍摄对象的干扰，增强画面视觉效果。另一种是选用天空作为背景，即建筑模型与自然空间相结合进行拍摄。这种背景处理方法前提是在周边环境无遮挡的情况下进行拍摄，同时，拍摄时最好能选择天空中有云朵时进行，这种背景处理方式能形成背景的自然渐变，增强背景的空间感与层次感。

## 第六节　照片后期制作

照片后期制作是弥补原始图片缺陷的不可或缺的手段。照片后期制作主要是处理摄影过程中由于对某些构成因素把握不当而形成的图片缺陷，通过照片的后期制作得到更好的画面效果。

在建筑模型摄影中，一般常见的图片缺陷有两种：构图缺陷和背景缺陷。对于这两种缺陷的修补，由于影像存储介质的不同，照片的后期制作也不尽相同。

胶卷照片的后期制作一般是通过特殊技法和暗房技术来弥补图片缺陷。对于照片中构图缺陷的修补，可以利用遮挡法在洗印样片上进行二次构图。当选择到最佳构图时，可以在样片上标明，然后送到图片社或专业洗印店按样片剪裁洗印，从而弥补拍摄时由于构图不当而留下的图片缺陷。对于照片中背景缺陷的修补，可以利用正片叠底抠图法二次合成，从而改变原照片中的背景。其制作方法是将所拍摄的照片中的保留部分用刻刀沿着轮廓线刻下，并将其粘贴于新的背景图像上，然后进行翻拍、洗印，即可得到具有理想背景的建筑模型照片。若照片不需要作底片留存，也可以通过图片复印或扫描打印方法，同样可以得到最佳图片资料。

数码照片的后期制作是通过数字暗房（微机 + 图像处理软件）技术来弥补图片缺陷。在处理上述缺陷时，可以在 Photoshop、PhotoImpact、Fireworks 等图形工具软件中调取原有照片图像，根据构图修补需求，直接进行剪裁的后期制作。在改变背景色彩或图案时，可以在（图 180）软件中新建或在资料库中调取图形，合并图层后，通过存储、打印便可快捷地得到理想的建筑模型影像资料。如图 180 所示就是利用 Photoshop 软件，通过多项后期图形处理后而形成的比较理的建筑模型照片。此外，数码照片的后期制作还可以通过锐化使原照片图像变得更加清晰，这是胶卷照片后期制作所不具有的功能。

◀ 图 180 ▶

# 第十三章

# 建筑模型制作实例

## 一、模型内容简介

该建筑设计占地 0.5hm$^2$。

根据设计方要求，建筑模型制作为素色展示模型。

建筑模型分为办公楼、厂房、职工宿舍、别墅四大部分。

建筑模型制作比例为 1∶300。

## 二、制作前期准备

（一）资料准备

根据制作要求，让设计方提供制作所需要的全部图纸。其中包括：总平面图、单体建筑平面图、立面图。

在上述图纸搜集完毕后，逐一地将图纸放至制作的实体比例，并对关键部位的数据进行核查。

（二）材料准备

根据设计方提供的图纸、要求、表现形式及模型制作比例，准备主材和辅材。

该建筑模型的主材，选用厚度为 0.5 mm 和 1 mm 的 ABS 板。辅材类的准备也应随着主材类的档次、制作内容进行合理配置。

## 三、制作过程

该建筑模型的制作大致可分为建筑单体制作、底盘制作、配景制作、布盘四大部分。其中，前三部分同时交叉制作。

（一）建筑单体制作

建筑单体制作一般是按设计方提供的图纸，按数量、分类别地进行制作（这里仅以厂房制作为例）。

1. 画线

在制作建筑单体时，首先要将制作的建筑单体平面进行分解。分解后将各个二维平面用前章所介绍过的拓印法（图 181）或测量画线法（图 182）描绘在选定的 ABS 板材上（本模型画线采用的是测量画线法）。

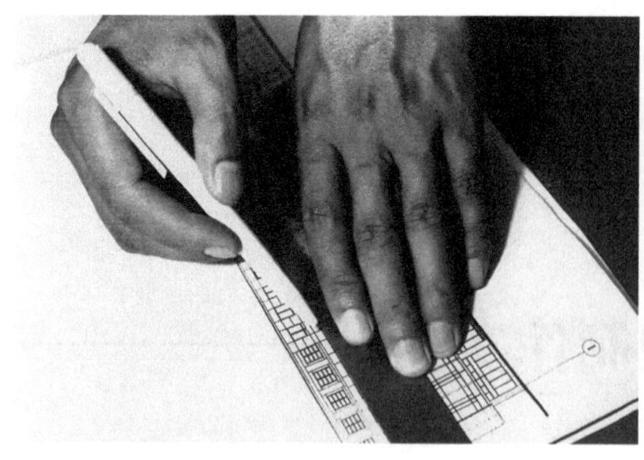

◀ 图 181 ▶

◀ 图 182 ▶

在画线时，除了要考虑画线的准确度，还要考虑到由于对接形式而引起的板材尺寸的变化。

2. 切割

切割时，一般是先划后切，先内后外。先划后切，即先作厂房立面墙线的划痕。划痕是用勾刀来进行勾勒（图 183），使用勾刀用力要均匀，划痕深浅要一致。制作时要充分考虑到喷色后的效果。在立面墙线制作完毕后，再进行开窗加工（图 184）。在上述一系列制作完成后便可以进行立面外形的切割。

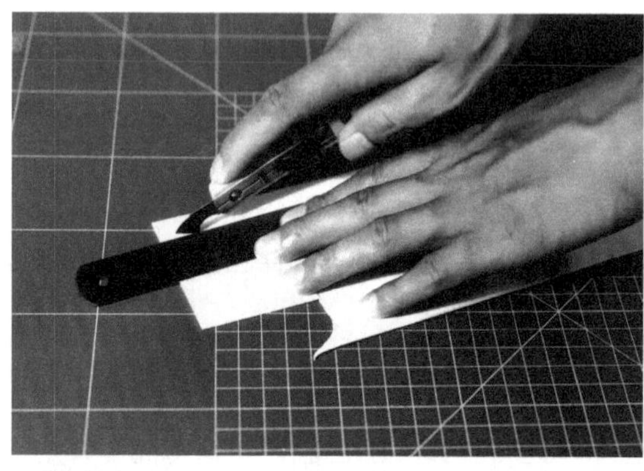

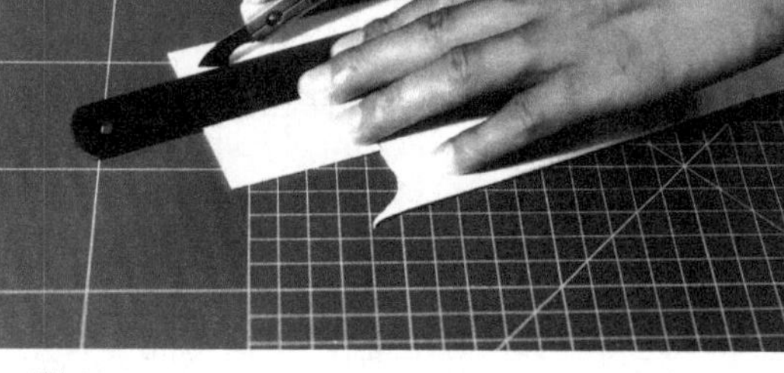

◀ 图 183 ▶

◀ 图 184 ▶

3. 组装

组装是将制作完的平面组合成三维的建筑单体。在这一阶段，要特别注意面与面、边与边的平行、垂直关系。在进行组合时，要充分利用直角尺（弯尺）进行测量（图 185），确保制作精度。同时，在转角处（图 186）或平面尺寸较大的构件内部（图 187）加支撑物，以防止构件的变形。

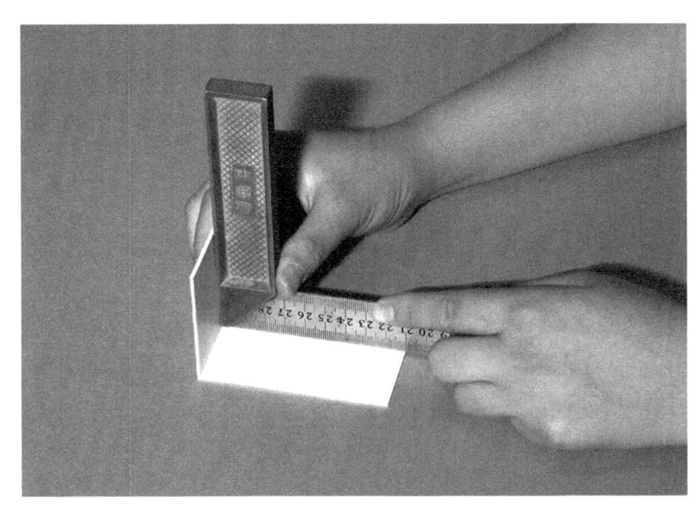

◀ 图 185 ▶

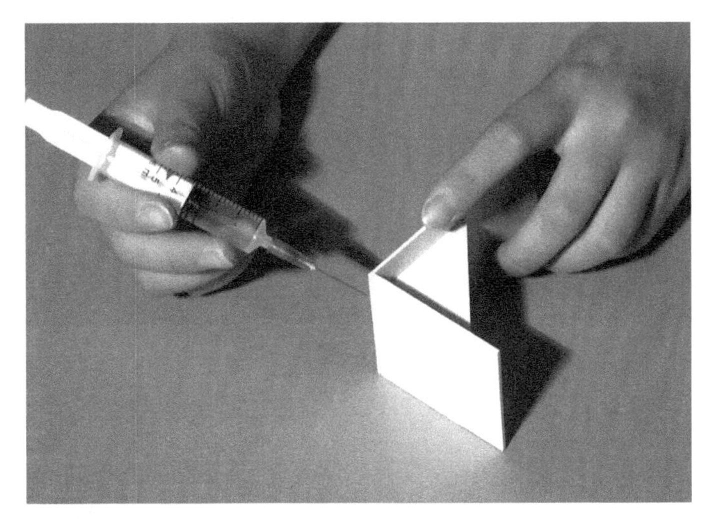

◀ 图 186 ▶

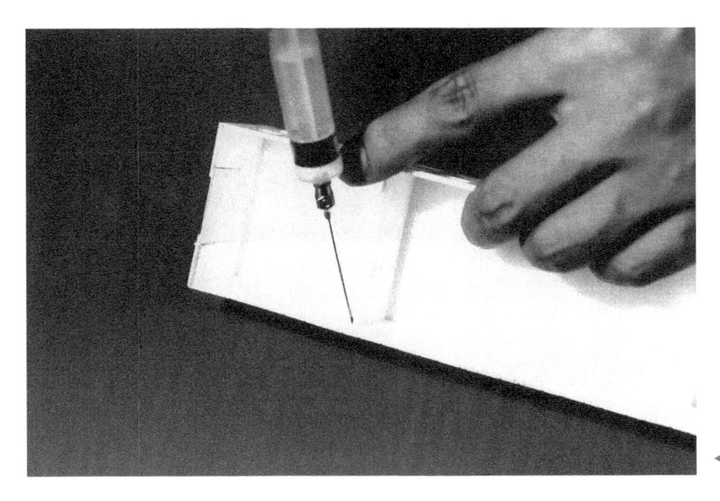

◀ 图 187 ▶

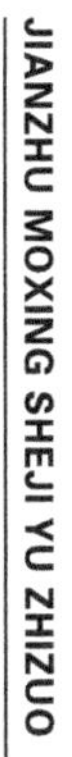

在进行建筑单体组合时，应结合后期喷色工序整体考虑。该模型中的办公楼和职工宿舍造型复杂，立面凹凸变化较大。所以在组装时，将这部分建筑物整体分解成若干个组来进行组装，待喷色后再进行组与组的粘接。只有这样才能减少面的转折，才能确保平面各部分着色一致、色彩均匀。

4. 打磨

在组合成型后，对接缝处进行打磨。第一遍先用板锉打磨。使用锉刀时要注意角度（图188），防止接缝开胶。第二遍可用什锦锉或砂纸打磨。

5. 整体修整

在全部建筑单体组装完毕后，逐一进行整体修整。首先，修整转角处接缝。即用细锉刀打磨转角及各接口处（图189），修至接缝平滑、无凹凸感。其次，用细砂纸修整打磨平面，使其符合喷色要求。

◄ 图 188 ►

◄ 图 189 ►

6. 喷色

该模型建筑单体采用素色重叠喷色法进行色彩处理。重叠喷色法即用同色相不同明度的自喷漆进行交叉喷色（图190），使建筑单体呈现出色彩深浅不一的点状效果。这种方法较难掌握，但视觉效果很好。

在具体操作时，使用自喷漆应特别注意出漆量和均匀度。喷漆后的表层色彩应呈点状分布，经过数次不同色彩的叠加，便可达到理想的效果。另外，自喷漆的搭配上一般以不超过三种为宜。

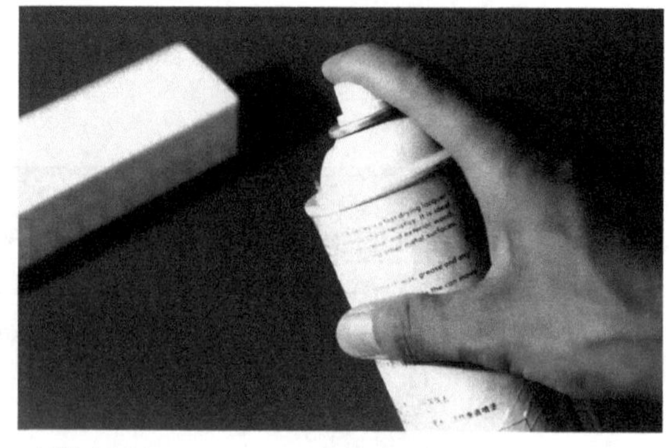

◄ 图 190 ►

（二）底盘制作

该建筑模型底盘根据图纸及标牌等因素综合考虑，实际盘面制作尺寸为180cm×75cm。底盘盘面采用1cm多层板制作，表面用厚度为1mm ABS板做贴面，胶粘剂为101胶。边框用木线围边，用自喷漆作表层处理（图191）。

（三）配景制作

该建筑模型配景包括：树木、游泳池、假山、路灯、围栏等。其中，制作量最大的是树木，主要用于行道树的处理。根据模型类别和比例，树木采用第 11 章中所叙述的具象树木制作方法进行制作。制作时，树冠部分要处理得饱满些（图 192），这样才能保证后期布盘时能把路网明确地镶嵌出来。

◀ 图 191 ▶

◀ 图 192 ▶

游泳池的做法是先将 1mm 的透明板上喷上浅蓝色的漆，喷漆面作为底面。然后按其形状进行切割，切割后围上池边即制作完成。

假山制作可选用一些形、体量合适的石子，洗净后堆积即可（图 193）。

路灯制作应按其尺度，选用 1mm 圆棒，根据造型进行制作（图 194）。

（四）布盘

布盘首先要进行盘面路网与大面积绿地的制作。

该模型路网的制作，是先用灰色自喷漆作底色处理，再用色差明显的浅灰色水彩纸进行人行道的制作。这样不仅色彩有变化，而且质感也不同，能增强盘面的层次感。人行道的具体制作方法，是先将总平面图用复写纸拓印的方法，将图描绘在底盘上（图 195）。然后将水彩纸也按其图形绘制、切割下来，并贴于相应的位置（图 196）。

◀ 图 193 ▶

◀ 图 194 ▶

◀ 图 195 ▶

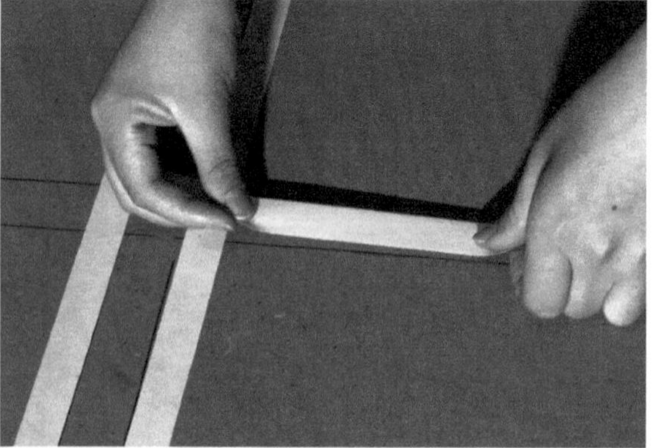

◀ 图 196 ▶

在人行道制作完毕后，再进行大面积绿地的制作。绿地采用的是德国生产的仿真草皮。其做法是先将草皮按其形状剪裁出来。然后，在纸基面喷上喷胶（图 197），并贴于相应的位置（图 198）。

◀ 图 197 ▶

路网和大面积绿地制作完毕后，便可以进行行道树的栽种。首先要进行的是将建筑物码放在盘上，根据图纸及建筑物实际占地情况，确定行道树栽种的位置与密度。在方案确定后，便可以进行具体操作。栽种时，先用手枪钻在栽种位置上打眼，然后将粉末清除掉，把树逐一地插入孔内，并用白乳胶灌入孔内进行粘接（图 199）。

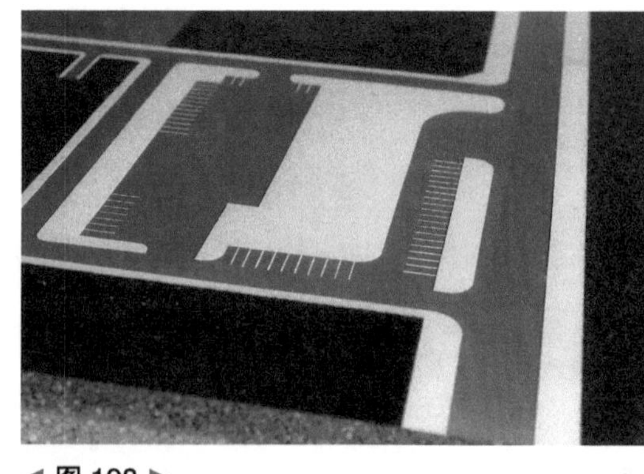

◀ 图 198 ▶

◀ 图 199 ▶

行道树栽种完毕后，再进行配景的制作与定位。制作配景时，要处理得恰到好处，要考虑盘面的整体效果。

最后，是将建筑单体进行定位。建筑单体固定，一般采用 4115 建筑胶进行粘合。粘合时，在粘接点上挤上一定量的胶粘剂（图 200）。然后，将其码放在相应的位置上，经核对无误后进行挤压（图 201）。此时注意胶粘剂不要溢出主体，如溢出主体，应在胶体半凝固时进行清除，这样才能避免在盘面上留下明显胶痕。待建筑主体全部定位、粘接完毕后，应放置在通风处进行干燥，一般应在 12h 以上。

在布盘完毕后，还要进行清理和总体调整。总体调整主要是根据实际视觉效果，在不改变总体方案的原则下，调整局部与整体的关系。

一般如制作期允许，调整最好相隔一定的时间再进行。因为，连续制作在某种程度上容易造成视觉的疲劳感和麻木感，这对整体调整是很不利的。所以，整体调整一般与制作后期相隔一定的时间为宜。

在总体调整后，该模型制作全部结束。

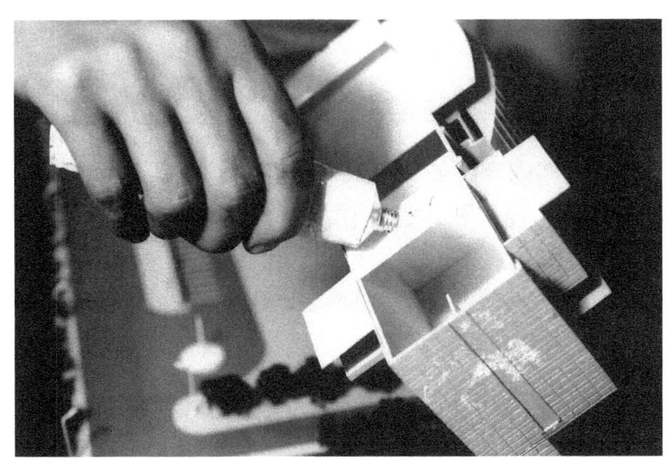

◀ 图 200 ▶

◀ 图 201 ▶

# 第十四章

# 建筑模型未来的发展趋势

谈到建筑模型制作的未来，人们似乎很难预料其发展趋势。然而，随着时代的发展来对事物内在的规律进行探析，势必在以下几个方面有重大的发展和变化。

## 一、表现形式

目前，建筑模型主要应用于房地产开发、建筑设计展示及建筑学专业教学等领域。建筑模型制作主要是以具象的同质同构或仿真表现形式来进行建筑设计成果的表达。这类表达形式追求的是形式与内容的统一。展望未来，这类具象的表现形式仍将采用。但同时随着人们审美观念上的变化和对建筑模型制作这门造型艺术的深层次认知和理解，作为建筑模型的制作将会产生更多的表现形式。未来的表现形式会在原有表现形式基础上，更多地侧重于形式美及纯表现主义。换言之，也就是通常所说的抽象表现形式。

## 二、工具

建筑模型制作工具是制约建筑模型制作水平的一个重要因素。过去，在建筑模型制作中，加工制作的工具较多地采用金工、木工为主的加工工具。近年来，随着工具业的飞速发展，建筑模型制作的工具种类也日趋多样化。目前，在建筑模型制作中，加工制作的工具较多地采用小型化、桌面化、专业化的手工、机械和数控加工机具。少数的高等院校、科研院所及模型公司采用数控三维打印设备来制作建筑模型。这一现状标志着建筑模型制作已初步进入一个专业化的模式，大大提升了建筑模型制作的整体水平。但随着专业院校模型教学的深入和建筑模型制作业的发展以及从国外工具业的发展趋势来看，建筑模型制作工具、设备的研发与制造是企业永久的课题，建筑模型制作的工具、设备将有待于向着专业化、系统化、数字化的方向发展。届时，建筑模型制作的水平也将得到进一步提高。

## 三、材料

建筑模型制作与材料有着密不可分的关系。从最初使用纸、木材料制作建筑模型发展到现利用有机高分子材料制作建筑模型，模型材料的品种也由过去的单一板材发展到点、线、块材及半成品型材，微型光电材料的应用，增添了建筑模型视觉光效仿真。目前，市场上可见的建筑模型材料已初步形成多样化、专业化、系列化。这些可喜的变化，正是得益于材料业的发展，它为建筑模型多种形式的制作和表达提供了更多选择空间，推动了建筑模型制作整体水平的提高。但是也应看到，目前这些建筑模型材料，特别是成品型材类材料，制造工艺良莠不齐，材料的仿真度还属于较低层次，与国外同类材料相比较有其很大差异,远远不能满足高层次建筑模型制作的需求。这种材料滞后现象的产生，主要受两个方面的影响：其一，国内模型材料生产厂商低成本的投入，使模具制造、生产加工工艺等非商业因素，制约了精细化、高仿真化模型材料生产。其二，建筑模型制作业的现状还未进入一个规模化的专业生产。作为建筑模型制作材料从开发到应用，未能进入一个良性循环。由此可见，商业因素是建筑模型材料产生滞后现象的根本原因。

但在今后的一段时间里，随着材料科学的发展及建筑模型制作业的专业化、规模化发展，上述材料滞后现象只是一个暂时的过程。无论是建筑模型材料的生产厂商，还是建筑模型制作业都不会停留在对现有材料的生产和使用上，建筑模型制作所需要的材料势必呈现多样化趋势。新型的多样化、系列化、配套化模型基本材料和专业材料，将随着建筑模型材料的生产厂商开发而日渐繁多。

## 四、制作工艺

建筑模型制作工艺是建筑模型成型的重要环节。手工制作建筑模型是多年来沿袭下来的一种传统的制作工艺，其所应用的范围、层面相当广泛。近年来，随着数控复合加工技术的飞速发展，新的建筑模型制作设备与加工工艺已经逐步形成。CNC 电脑雕刻机和三维打印机的出现，使建筑模型制作工艺有了质的飞跃，实现了手工与机械加工工艺的完美结合，形成了数字化的加工模式。CNC 电脑雕刻工艺和三维打印快速成型工艺已成为现代建筑模型设计与制作的一种先进的制作工艺，一时间人们为之感叹，甚至有人认为 CNC 电脑雕刻工艺和三维打印快速成型工艺将取代手工制作工艺。其实不然，从目前来看，上述两种工艺由于应用领域的不同，CNC 电脑雕刻工艺和三维打印快速成型工艺是绝不能取代手工制作工艺的。CNC 电脑雕刻工艺和三维打印制作工艺的应用，只是简化了建筑模型制作过程中手工剪裁切割部分，提高了加工精度和加工效率，而不是替代了手工制作模型工艺的全过程。但毋庸置疑，数控复合加工技术的发展与推广应用将对建筑模型制作工艺产生重要影响。可以断言，未来的建筑模型制作工艺将会呈现加工工艺的多元化，传统的手工制作工艺和数字化制作工艺相互补充、互为一体的趋势。

综上所述，建筑模型未来的发展趋势，无论是在表现形式上，还是在工具、材料及制作工艺上，还存在更大的提升空间，必将会发生全方位的变化。因此，作为模型制作者也应随着这些变化而变化，通过大家的努力，共同繁荣和发展这门传统与现代相融合的造型艺术。

# 第十五章

# 建筑模型作品图例

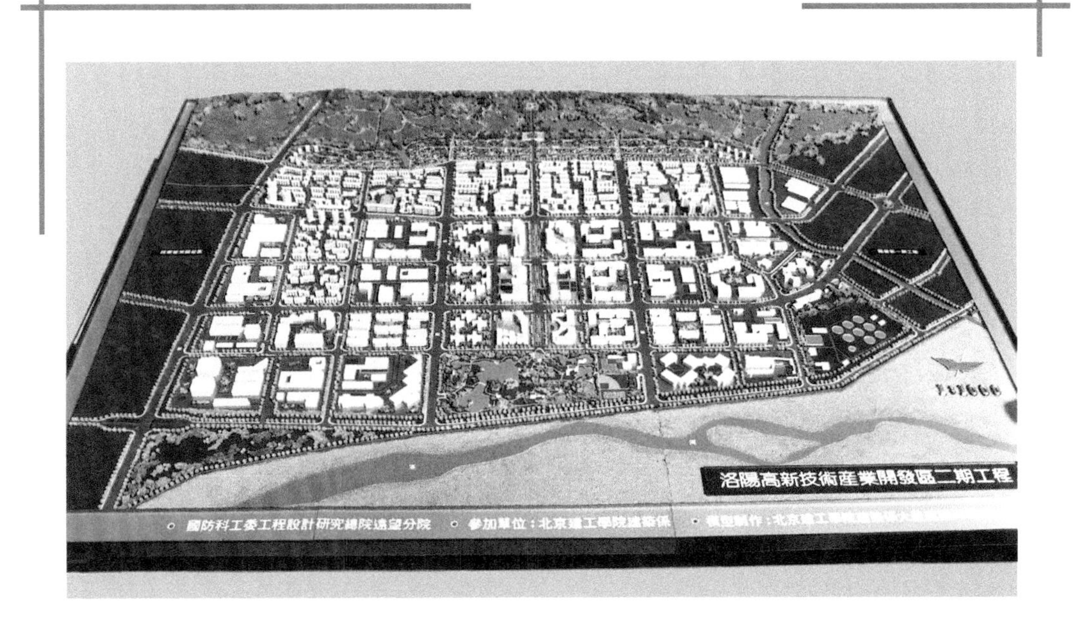


注：本章节图例选自著者及下例作者：胡德建、马岩松、宁维军、黄华、高晓天、陈婷、段雪昕，在此一并致谢。

青岛明宇假日广场

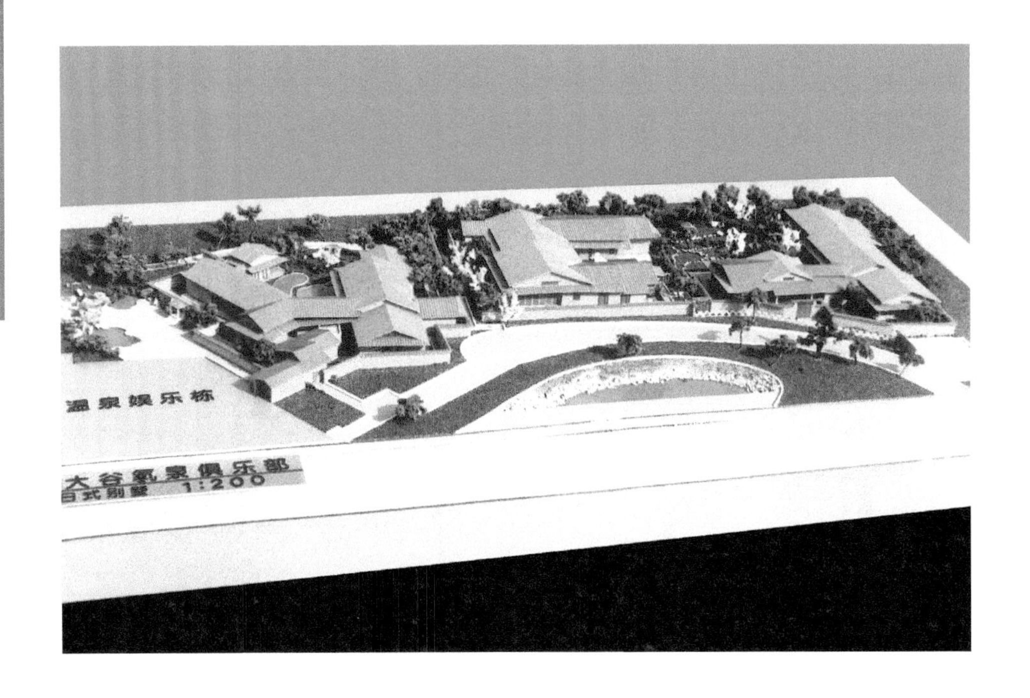
温泉娱乐栋
大谷氡泉俱乐部
日式别墅　1:200

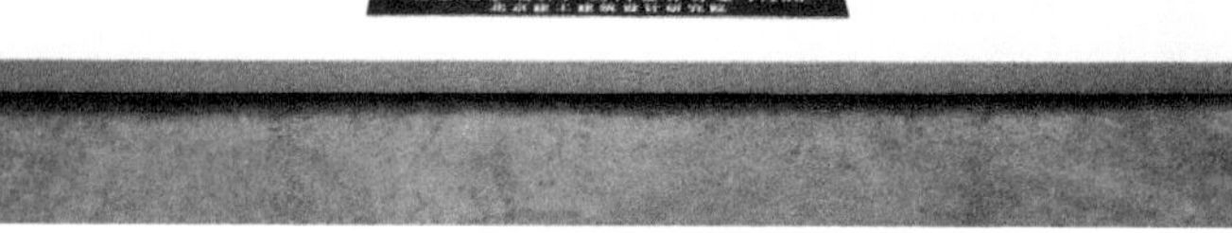

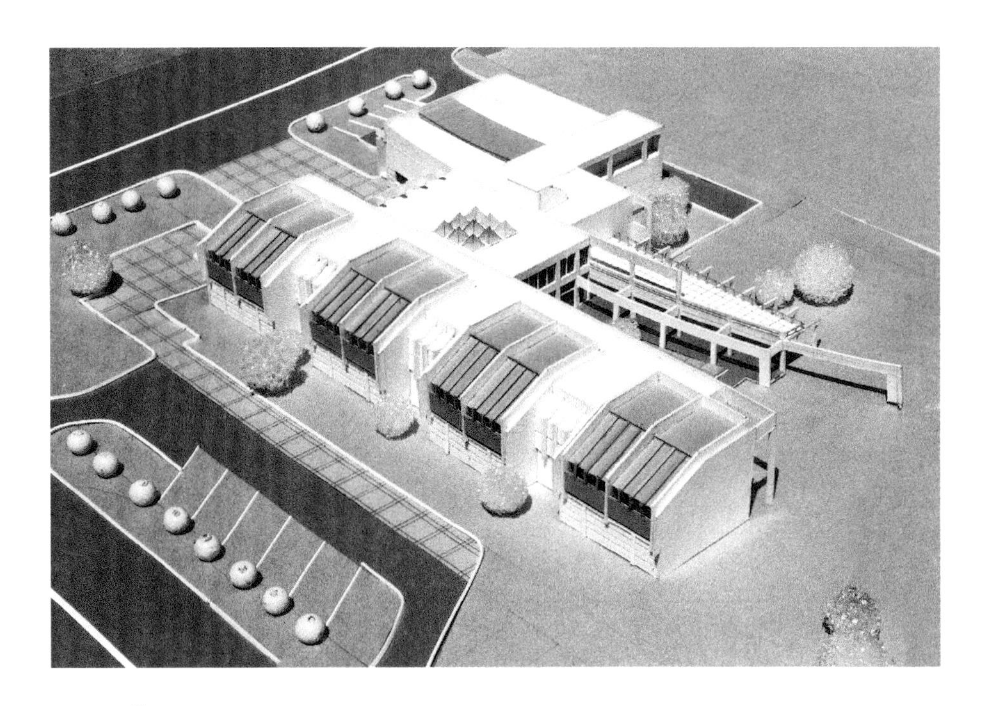

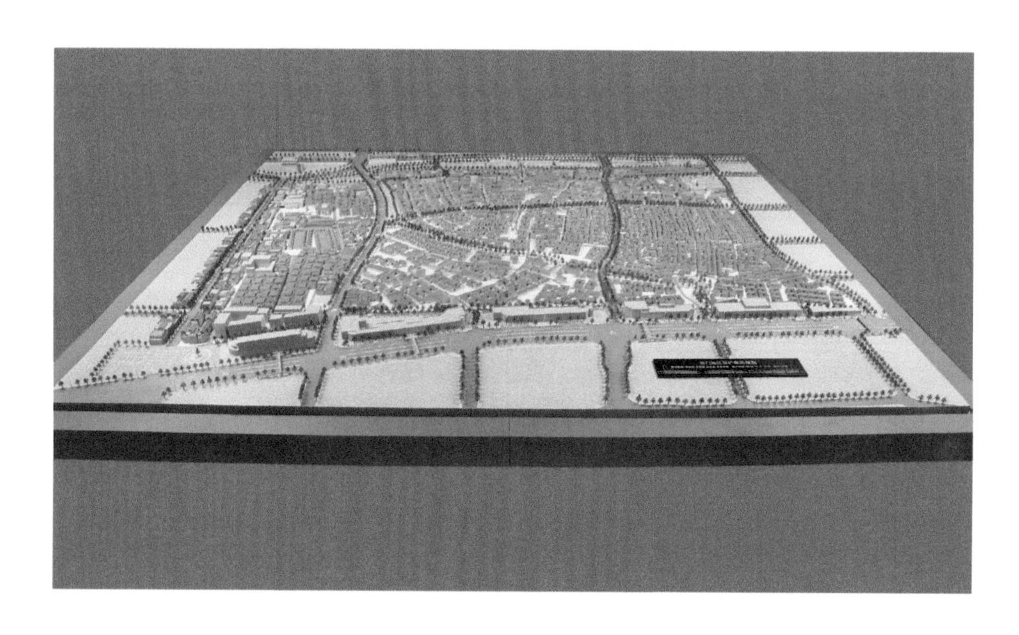

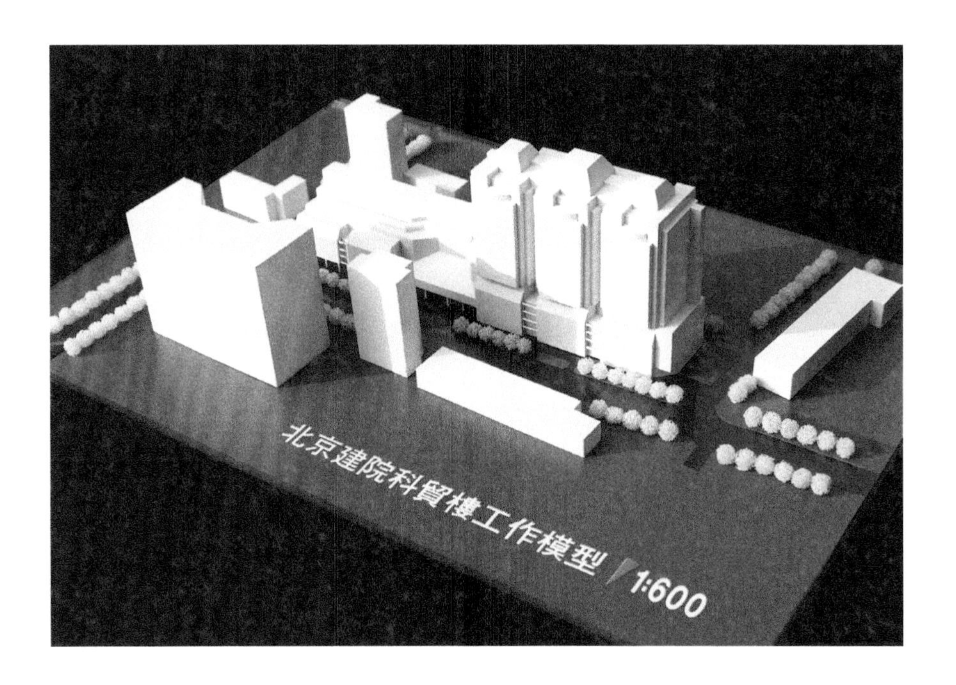
北京建院科貿樓工作模型
1:600

1:1000

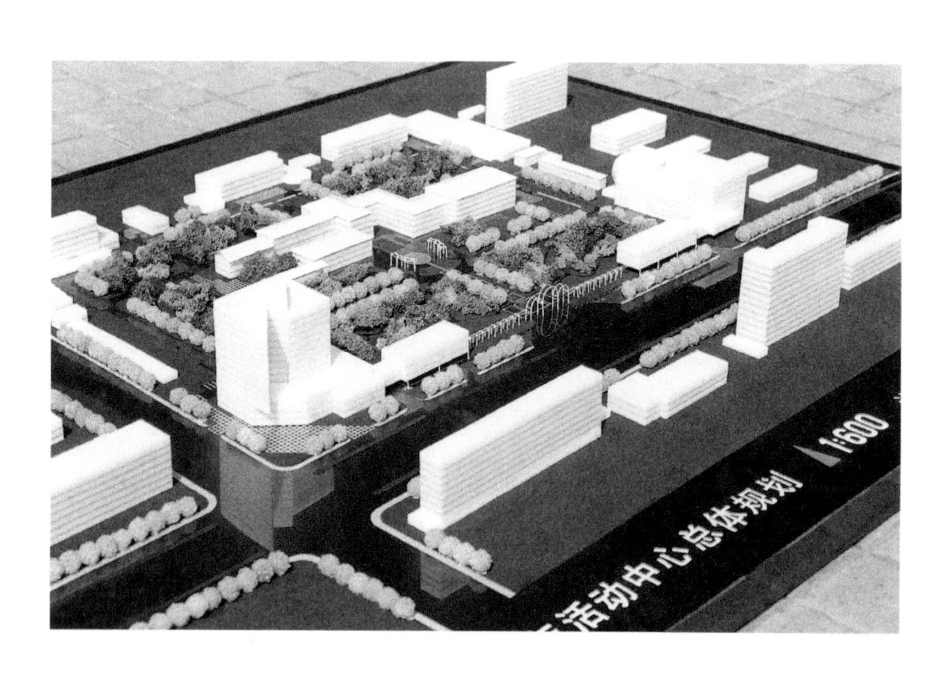
活动中心总体规划
1:600

京客隆

JIANZHU MOXING SHEJI YU ZHIZUO

三義
SANYI BUILDING
1:100
大厦

光大购物城

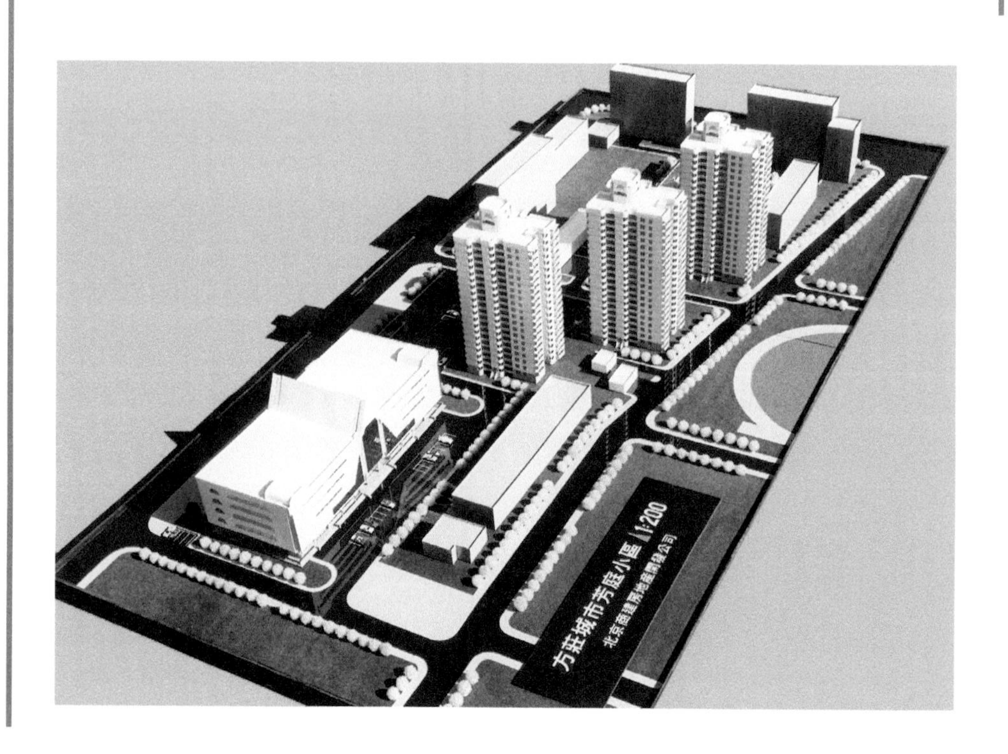
方莊城市芳庭小區 1:200

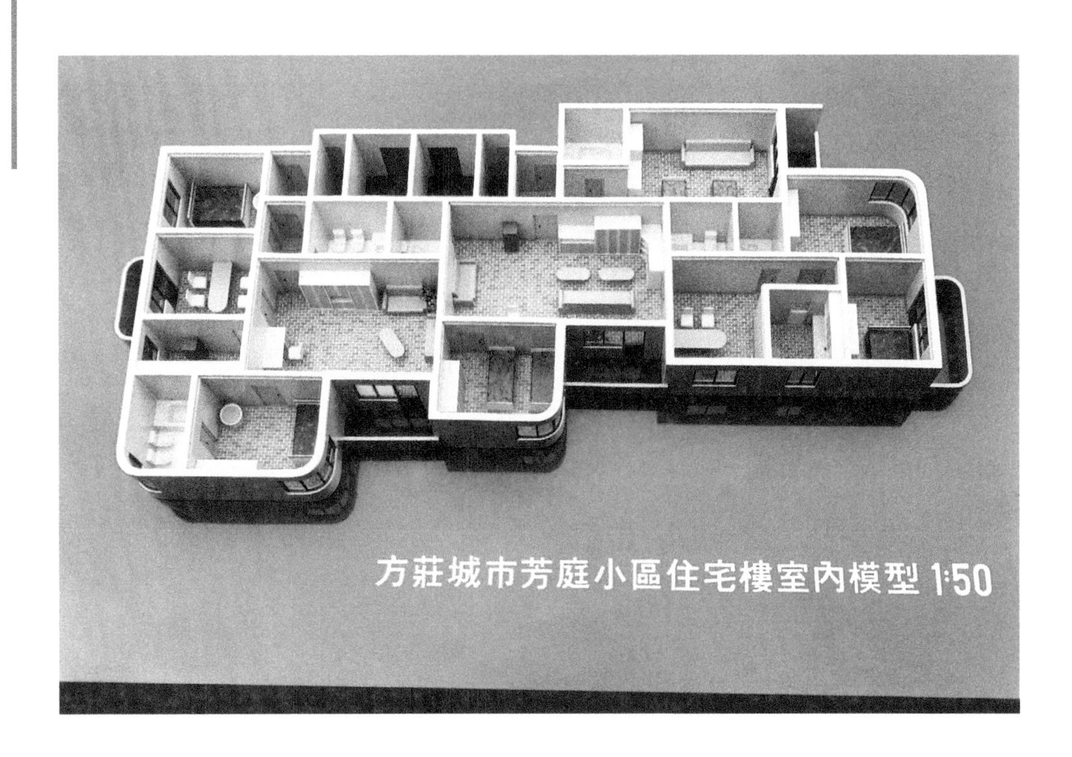
方莊城市芳庭小區住宅樓室內模型 1:50

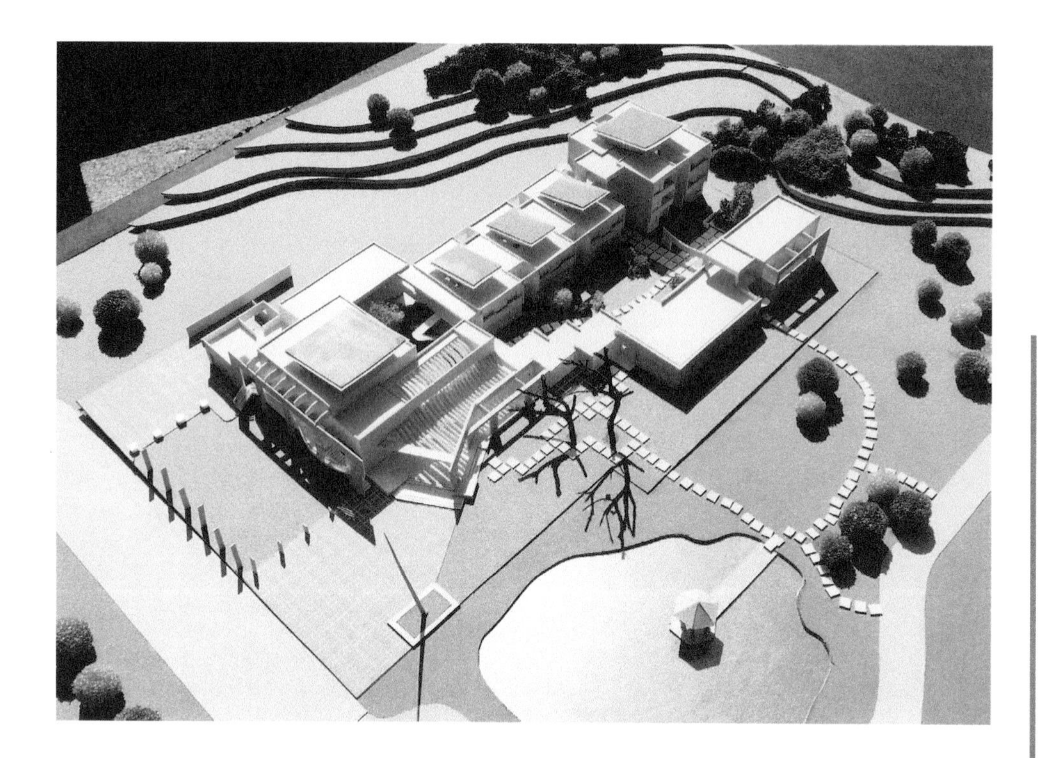

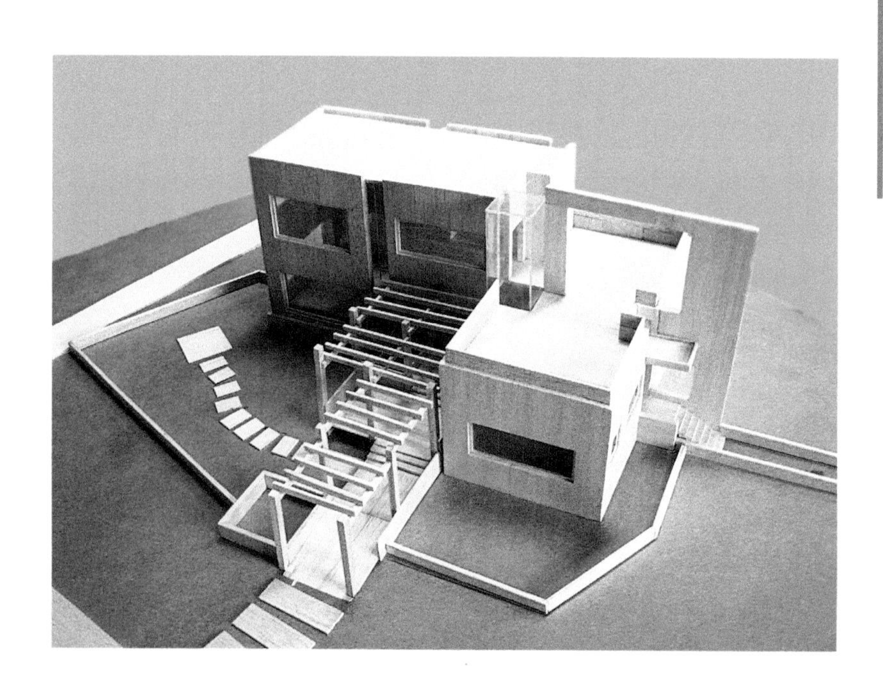

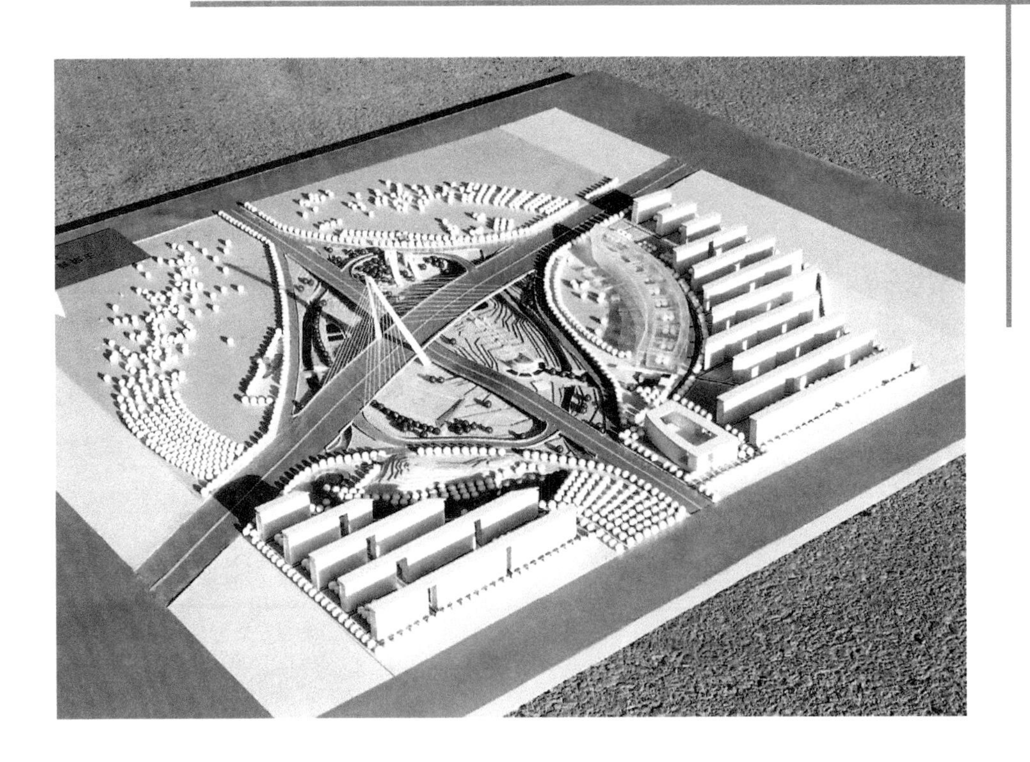

慕田峪長城百關規劃

1:1000
北京市三環路城市設計研究
木樨園節點方案
北京建築工程學院建築系